新型职业农民培育工程规划教材

新昌小吃

◎吕美萍 主编

中国农业科学技术出版社

图书在版编目（CIP）数据

新昌小吃／吕美萍主编．—北京：中国农业科学技术出版社，2015.6

（新型职业农民培育工程规划教材）

ISBN 978－7－5116－2119－1

Ⅰ.①新…　Ⅱ.①吕…　Ⅲ.①风味小吃－介绍－新昌县

Ⅳ.①TS972.142.554

中国版本图书馆 CIP 数据核字（2015）第116156号

责任编辑　徐　毅
责任校对　贾海霞

出 版 者　中国农业科学技术出版社
北京市中关村南大街12号　邮编：100081
电　　话　(010)82106631(编辑室)　(010)82109702(发行部)
(010)82109709(读者服务部)
传　　真　(010)82106631
网　　址　http://www.castp.cn
经 销 者　各地新华书店
印 刷 者　北京富泰印刷有限责任公司
开　　本　850mm×1168mm　1/32
印　　张　4.625
字　　数　110千字
版　　次　2015年6月第1版　2015年6月第1次印刷
定　　价　20.00元

新型职业农民培育工程规划教材

《新昌小吃》

编　委　会

主　编　吕美萍

副主编　梁锦芳　张湖西

前　言

小吃是用于早点、夜宵、茶食或席间的点缀以及茶余饭后消闲遣兴的小型方便食品。它以量小、精制而有别于正餐和主食，也以量少、价钱便宜而区别于大菜常称作经济小吃。中国小吃品种繁多，制作精巧，大多数有名的小吃都具地方特色。新昌县属于浙江省，地处山区自古有“八山半水分半田”的说法，当地的小吃既有江南小吃品种多、技艺精、造型巧和口味全等特点，又有山区特色。新昌小吃充分发挥了江南食品资源丰盛的优势，经过几百年的传承，形成了具有地方特有的一些小吃品种。新昌小吃以米面、豆类、杂粮为主料，选用配料广泛又精细，运用多种蒸、煮、煎、烤、烘、炸、炒、氽、冲等多种技法，形成咸、甜、鲜、香、酥、脆、软、糯、松、滑各色俱有的糕团点心、面食、豆品的小吃系列。

本书向大家介绍了春饼、大糕、镬拉头、青饺、芋饺等具有新昌地方特色的小吃。这些小吃在新昌历史悠久，通过民间口口相传，手手相传，在老百姓心中都占有一定的地位，称得上“有故事的小吃”。书中详细介绍了这些小吃的由来、特点以及制作方法、技术，具有较好的可操作性，对新型职业农民创业具有一定的指导意义。由于时间仓促，加之编者水平有限，书中如有不当之处，敬请读者批评指正。

作　者

2015 年 5 月

目　录

第一章　我国小吃的概述 …………………………………… (1)
第一节　全国各地小吃概述 ………………………… (1)
第二节　小吃的分类 ………………………………… (5)
第二章　小吃的原料 ………………………………………… (7)
第一节　小吃所需的主要原料 ……………………… (7)
第二节　小吃的辅助原料 ………………………… (12)
第三节　小吃的食品添加剂 ……………………… (16)
第三章　小吃制作的常用设备与工具 ………………… (20)
第四章　面点小吃的制作基本技术 ……………………… (22)
第一节　基本操作技术 …………………………… (22)
第二节　一般的制作程序 ………………………… (28)
第三节　主坯操作 ………………………………… (29)
第四节　膨松面团 ………………………………… (33)
第五节　米类和米粉制品 ………………………… (42)
第五章　小吃的成型操作 ……………………………… (45)
第一节　搓、包、卷、捏法 ……………………… (45)
第二节　抻、切、削、拨法 ……………………… (50)
第三节　叠、摊、擀、按法 ……………………… (54)
第四节　钳花、模印、滚粘、镶嵌法 ………… (57)
第六章　小吃常用的调味品 …………………………… (59)
第七章　制馅操作 ……………………………………… (65)
第八章　熟制操作 ……………………………………… (72)

第一节 熟制的重要性 …………………………………… (72)
第二节 蒸、煮法 ………………………………………… (73)
第三节 炸、煎法 ………………………………………… (77)
第四节 烤、烙法 ………………………………………… (79)
第九章 食物的腐烂变质 …………………………………… (83)
第十章 食物的保藏 ………………………………………… (85)
第十一章 调味知识 ………………………………………… (87)
第十二章 调味诀窍 ………………………………………… (90)
第十三章 常用调味料在小吃制作中的作用 ………………… (92)
第十四章 新昌小吃品种实例 ……………………………… (102)
第十五章 餐饮预防食物中毒 ……………………………… (128)

第一章　我国小吃的概述

小吃、点心是用于早点、夜宵、茶食或席间的点缀以及茶余饭后消闲遣兴的小型方便食品。如油条、豆浆、油茶、粽子、元宵等。它以量小、精制而有别于正餐和主食，也以量少、价钱便宜而区别于大菜，常被称作经济小吃。

小吃、点心是中国烹饪的重要组成部分。中国烹饪历史悠久，种类丰富，外观精美，讲究风味，富有中国传统文化特色。北方与长江上游地区，将食肆、饭摊边做边卖的早点及夜宵食品，称为小吃，而将糕点厂的制品以及宴会所用的精美糕点，则称为点心；南方地区有的将糕点、夜宵用米、面制作的统称为点心，而将肉类制品称为小吃。有的地方则把小吃、点心视为同义词，不加区分地混用，许多地方还将一些主食作为小吃、点心供应于市。

小吃原称小食，最早见于晋·甘宝所著《搜神记》。唐宋以后，品种日多，经历数代。后来，少数民族小吃与汉族小吃相互交融，又增加了大量品种；近百年来从西欧传来的面包和各种西式糕点，经过消化改进，又成为中国小吃的一部分。发展至今，品种更多。如果将全国各个省市的品种全部收集起来，当在数千种以上。

第一节　全国各地小吃概述

中国小吃品种繁多，制作精巧，大多数有名的小吃都具地方特色。这些品种，多选用当地优质原料，适应民间的饮食风俗，口味嗜好，与菜系的风味特色有直接联系。南米北面，南甜北咸，川辣粤鲜，在小吃中都有体现。还有一部分名品来自少数民族。近代从西方传来的面包和各种西式糕点，经改进而有所创新，也成为中国小吃、点心的一部分。

北京是中国封建社会最后4个朝代的故里，各类小吃甚多，这里又长期聚集着众多的回民，使北京小吃具有汉民风味，清真风味和宫廷风味的特色。各种荤素、甜咸、干稀、凉热小吃约有300余种。

天津是较早发展起来的沿海北方城市，气候适宜、物产丰富，为天津小吃形成、发展一方风味创造了良好的条件。并经吸收南北各地技艺，形成自己的特色，其中，最具特色的是天津大麻花。

山东文化发展，是儒家文化发祥地。小吃以面食为主，是北方面食发源地之一。制法多样，有蒸、煮、烙、烤、煎、炸、炒、焖、烩等；技法有擀、切、抻、拉、轧、捏、揉、摊、搓、包等最具特色的山东煎饼。

山西素有“面食之乡”之称，花色、品种很多，包括西式面点、面类小吃和山西面饭三大类，其品种不下500余种。西式面点制作品种繁杂、地方性强，常见的达百余种。山西面饭属面条类，最具地方特色，它有三大特点：

(一) 花样多

有被称为北方四大面食的拉面、削面、拨鱼、刀拨面、擦蝌蚪、抿曲、流尖、猫耳朵、搓鱼、蘸尖尖、搓豌豆等品种。

(二) 用料广泛

除采用小麦面粉外，还食用高粱面、荞麦面、黄豆面、豌豆面、玉米面、小米面等。

（三）制法多样

利用蒸、煮、煎、炸、焖、煨、拌、炒多种技法制作。

河南地处黄河中下游，这里的九朝古都洛阳和宋代城汴梁（开封），是南北小吃荟萃之地，小吃市场十分繁华。如在开封，很多人不在家里吃晚饭，携老带幼的挤在沿街路旁的地桌前，坐在小板凳上买各种小吃，既作为晚餐又是一种享受。

陕西是周、秦、汉、隋、唐等 11 个王朝建都的地方，历时一千余年，又是丝绸之路的起点，较早吸收各民族小吃风味、挖掘、继承古代宫廷小吃之技艺，因而品种繁多，风味各异。

四川位于长江下游，气候温和，雨量充沛，物产富饶，素有“天府之国”之称，各地的风味小吃数不胜数，其用料广泛，制法多样。以稻米为主要用料，兼用麦、豆、粟、黍、果、蔬、蛋、禽和各种山珍。

在制法上有煎、炸、烤、烙、烧、炒、烩、蒸、煮等十几种，其口感特点是咸、甜、麻、辣、酸、香、脆、嫩。

广东的小吃和点心分为两大类。小吃是指小店和街边摊档经营的米、面食品。多来自民间，品种较少、造型简朴、经济实惠。点心是指茶楼、酒家经营的茶室食品，大都博取南北小吃和西式饵饼之技法，不断创新发展，品种丰富多彩。现已制成常用的皮（面团）有四大类，23 种；馅三大类，47 种。将这几十种皮和馅，分别不同的组合，再加上不同变化的造型和用成熟的方法做成的点心，可达千种之多。

以上省、市是中国小吃发达的地区，其他各省（自治区）以及港澳等地的小吃也都各有其风味特色。另外各少数民族的独特小吃，也极其丰富多彩，如满族的沙琪玛；回族的麻酱烧饼；维吾尔族的馕、手抓饭；蒙古族的肉饼、馅饼；白族的米线；朝鲜族的打糕、冷面等。

此外，遍及全国的节令食品，如春节的饺子、年糕，元宵节的元宵（汤圆），立春的春饼，清明节的青团，端午节的粽子，中秋节的月饼，十二月初八的腊八粥等，也是市场供应的名食，这些食物又各有特色风味。如月饼就有广式月饼、苏式月饼、京式月饼之别。元宵节有北方的滚制元宵和南方的水磨粉包制的汤圆，清明节吃青团则在江浙沪等地较为流行，反映出节令食品的风味流派各异。

浙江小吃富有江南特色，以品种多、技艺精、造型巧和口味全著称，浙江小吃品种繁多，发挥了江南食品资源丰盛的优势，以米面为主料，选用配料广泛又精细，运用蒸、煮、煎、烤、烘、炸、炒、氽、冲等多种技法，形成咸、甜、鲜、香、酥、脆、软、糯、松、滑各色俱有的糕团点心、面食、豆品的小吃系列。从选料到加工、烹调，各个工序都有严格要求，形成自己的特殊工艺，并根据不同季节和不同风尚，都有种种独特的节令小吃和应时点心，显得绚丽多姿。是根据各地区的实际条件，创造自己各种各样的小吃点心。在杭嘉湖和宁绍地区，盛产稻谷、豆类，以各种米、豆类烹饪原料作主料为多，讲究甜、糯、松、滑风味。江南丘陵山区，主产麦类和杂粮，以此为主料，制作的点心以咸、香、松、脆为特色。沿海地区则以海鲜小吃见长。浙江经营小吃的名家甚多，有杭州的知味观、湖州的丁莲芳和诸老大、嘉兴的五芳斋以及专营宁式大面的百年老店奎元馆等。

新昌的小吃又有哪些呢，新昌地处山区，老百姓经过上百年生活上的积累，形成了具有地方特有的一些小吃品种，如：新昌炒榨面、芋饺、春饼、锅拉头、炒年糕、清明麻糍、青饺、蒸饺、烤汤包、糖麦饼等，形成了独具地方特色的小吃品种，随着餐饮业的发展，引进了不少其他地方小吃，如：台州的红糖麻糍、宁波汤圆等，路边小吃摊也随之增多。丰富了新昌小吃品种。

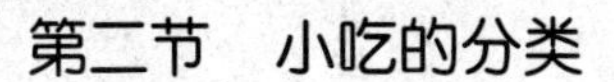

第二节　小吃的分类

中国小吃，用料广博，技法多变，品种多样，以粮食为主，按花色品种可分为卷类、饵饼类、面茶类、饺角类、糕团类、粥类、杂食类等。此外，还有许多用肉、鱼、鸡、蛋、豆制品制作的小吃。按成熟方法分为以下几类：

一、蒸

利用蒸汽传热而成熟的食品。蒸制工具有蒸笼、甑、箅以及蒸箱、蒸柜等，要求“大火、水多、气足，时间短。”成品富含水分，比较滋润或暄软，营养成分得以保存。除油酥面团和碱盐面团外，其他各种面团都可以蒸法制作。面制品有包子、馒头、花卷、蒸饼、烧卖等；米制品有年糕、切糕、八宝饭等；杂面制品有豆醋糕、小窝头等。

二、煮

以水传热成熟的食品制品。在加热过程中，一般应保持旺火沸水状态，有的先旺火，后中火，直到制品成熟。成品多较黏实或筋道。面制品有面条、饺子、馄饨等；米制品有元宵、米线、粽子等；其他如茶叶蛋等也是如此。

三、炸

以油为传热介质，用大量油加热成熟的食品，成品松酥、膨胀、香脆；面制品有油条、薄脆、麻花、馓子等；米制品有炸糕、糍饭糕、麻团等。

四、烙

通过金属鏊子或饼铛传热而成熟的食品。水调面、发酵面、米粉面、粉浆等都可以烙法制作。如家常饼、荷叶饼、烧饼、烙馍、煎饼等。

五、烤

包括烘、炕类，通过热辐制作的食品，各种蓬松面、油酥面、肉类等都可以烤法制作。如面包、蛋糕、黄桥烧饼、芝麻饼、酥点和饼类；成品呈金黄色，组织蓬松、外酥内脆、松软或内外绵软。

六、煎

加水则称水煎油，成品底部焦黄带嘎，又香又脆，上部柔软色白，油光鲜明。面制品有锅贴、煎包等。

七、爆炒

用油或会水传热使小型原料快速至熟的食品。适用于质嫩、无骨、新鲜的动物性原料的丁和片以及面制食品。面制品有炒疙瘩、炒面等；米制品有炒牛肉河粉、扬州炒饭等；肉类制品有北京爆肚等。

第二章　小吃的原料

第一节　小吃所需的主要原料

一、面粉

（一）面粉的分类

面粉是由小麦加工磨制而成，又称为麦粉，是小吃生产的主要原料之一。按照面粉加工的不同，可分为特制粉、标准粉、标准粉、普通面粉、全麦粉等。制作小吃，宜用特制粉和标准粉。

面粉通常按蛋白质（面筋）含量的不同分为以下几类。

1. 高筋粉

高筋粉又称为强筋粉或面包粉。蛋白质含量12%～15%，湿面筋含量35%以上。最好的高筋粉是产于加拿大的春小麦面粉。适于制作面包起酥点心、泡芙以及特殊油脂调制的松酥饼等。

2. 低筋粉

低筋粉又称为弱筋粉或糕点粉。蛋白质含量7%～9%，湿面筋低于25%。适于制作蛋糕、甜酥点心、饼干等。在高筋粉中加入25%的玉米粉可降低面粉的筋度（似低筋粉）。

3. 中筋粉

中筋粉的蛋白质含量为9%～11%，湿面筋值为25%～35%。我国的标准粉，美国及澳大利亚所产冬小麦面粉均属此类。适于制作水果蛋糕、肉馅饼、馒头、包子、花卷及特殊的面包等。

4. 专用面粉（特制粉）

（1）特制蛋糕粉。特制蛋糕粉是由软质面粉进氯气漂白处理过后的一种面粉，专门用于蛋糕的制作。其面筋蛋白质含量变小，色较白、pH值偏低、面粉颗粒小、吸水量较大。适于制作含液体量和糖量较高的蛋糕（高比蛋糕），又称为高比蛋糕粉。

（2）自发粉。自发粉是在特制粉中按一定比例的泡打粉和干酵母制成的面粉。自发粉粉质细滑，洁白有光泽，松软手感好。制作简便，不需传统的老面发酵过程。可做馒头、包子、花卷、发面饼等，也可将面粉调成糊状炸制鸡腿等食品。

（3）水饺粉。水饺粉是在小麦碾磨成粉时加入了氧化苯甲酰加工而成的面粉。饺子粉特点是粉质细滑，色泽洁白，筋力中等偏高，麦香味浓，具有较好的耐压强度和延展性。适于制作水饺、馄饨等面点。

（4）全麦粉。全麦粉是一种用整粒小麦，不经去除麸皮和胚芽而研磨制成的面粉。全麦粉含有多种 V_B 和麦麸，对人体新陈代谢非常重要，能促进皮肤黏膜更新、可降低胆固醇。但由于胚芽含油丰富，使全麦粉容易因酸败而耐储存性降低。为了增加食品的适口性，不同的食品需要不同的麸皮添加量（一般小麦皮层占小麦总重的15%左右）。

（二）面粉质量鉴定方法

鉴别面粉质量的方法有一看、二闻、三品、四捏。

一看：看面粉的色泽，面粉的色泽是确定面粉等级的依据。等级高的面粉，洁白细腻、无杂色、无麸星；而等级低的面粉则次这。色泽呈乳脂色或淡黄色的面粉则是硬质小麦搭配多的缘故，其面筋含量一般较高。

二闻：好的面粉气味有麦香感，而经过高温或储藏过久的面粉由于粮食陈化，会出现异味，口感发黏。嗅觉灵敏者可取少量面粉直接闻气味以鉴别优劣；嗅觉欠佳者可将面粉加入热水后搅拌闻气味，如果闻到的是稻草、麦香的味道，说明面粉加工时间不长、质量较好、未加入过多的添加剂。如果闻到的是强烈的尘土味，肯定是陈面或添加了过多的超标物质。

三品：手粘一点干面粉放在嘴里，如果有碜牙现象，说明面粉含沙量高；如果味道发酸，判断面粉酸度高。做成熟后品尝，正常面粉制成熟食后品尝有淀粉的“回香味”，口感细腻。

四捏：手抓一把面粉稍用劲捏，若面粉呈粉末状、无颗粒感，手捏后松开随之散开不结块，可以判断面粉水分含量适中。若手捏后，易成团、结块、发黏，则可判断面粉含水分高，遇高温天气，易发热、发霉变质。好面粉用手捻时感觉绵软，如过分光滑则有问题。

二、大米粉

大米粉是由大米加工而成。大米一般可以分为籼（xian）米、粳（jing）米和糯米 3 种。炒米粉的方法是：将米筛选，除净杂质之后，用冷水或温水淘洗一次，捞出沥干水分，倒入容器捂几个小时，取出晾干，既可炒制，炒至米粒发胀呈圆形，冷后磨成粉，粉粒越细越好。

（一）按米的品种分类

1. 糯米粉

糯米粉又称为江米粉，根据品种的不同又分为粳糯粉（大糯粉）和籼糯粉（小糯粉）。粳糯粉柔糯细滑、黏性大、品质好。籼糯粉质粗硬、黏性小、品质较次。可制作八宝饭、团子、粽子，还可磨成粉或掺和制作年糕、汤圆等。纯糯米粉团不能发酵使用。

2. 粳米粉

粳米粉的黏性次于籼糯米粉，一般将粳米粉、糯米粉按一定比例配合使用，可制成各式糕团或粉团。粳米磨成水磨粉可制作年糕、打糕等，吃口糯爽滑，别具特色 。用纯粳米粉调制的面坯，一般不能发酵使用，必须掺入麦类面粉方可制作发酵制品。

3. 籼米粉

籼米粉黏性小、胀性大，其中所含的支链淀粉较少。一般可磨成粉，制作水塔糕、萝卜糕、芋头糕等。籼米粉调成面坯后，因其质硬而松，能够发酵使用，可制得米发糕等。

（二）按加工方法分类

1. 干磨粉

干磨粉是指用各种米直接磨成的粉。干磨粉的优点是含水量少，保管、运输方便，不宜变质。干磨粉的缺点是粉质较粗，成品滑爽性差。

2. 湿磨粉

湿磨粉是指先将米淘洗、浸泡胀发、控干水分后而磨制成的粉。湿磨粉的优点是叫干磨粉质感细腻，富有光泽。湿磨粉的缺点是磨出的粉需干燥后才能保藏。

3. 水磨粉

水磨粉是指将米淘洗、浸泡、带水磨成粉浆后，在经过压粉沥水、干燥等工艺而制得的粉。水磨粉的优点是粉质细腻，成品软糯滑润，易成熟，用途较广。水磨粉的缺点是磨出的粉需干燥后才能保藏，否则夏季易结块、酸败变质。

（三）稻米粉的工艺性质

稻米中的蛋白质主要由不能生成面筋质的谷胶蛋白和谷蛋白组成。因此米粉面坯没有弹性、韧性和延伸性。稻米中的淀粉主要酵解能力较弱的支链淀粉（籼 7 糯 10），但它们的糊化温度比面粉糊化的温度较低，因此，米粉的黏性大于面粉，其中糯米黏

性最大，籼米产气能力相对最大。

三、杂粮粉

（一）玉米粉

籼玉米粉黏性差，松而发硬，受潮后也不易变软，因此，制作面点时，一般须烫后方可使用，以增强黏性和便于成熟。籼玉米粉可用以单独制作面食，如窝头、饼子等；也可与面粉掺和用作降低面团面筋的填充料，可制作各色发酵面点，还可用以制作各式蛋糕、饼干、煎饼等食品。糯玉米粉还可制作年糕、汤圆、果馅等。

（二）小米

粳性小米松散硬滑，磨成粉可制作发糕、饼类，与面粉掺和可制作各种发酵制品糯性小米韧性大，可制作各种年糕、元宵等。例如，小米煎饼有独特的香味，不仅可以作为日常小吃，亦可做宴席上的点心。

（三）荞麦

荞麦有甜荞、苦荞、翅荞和米荞四种，其中甜荞的品质较佳。荞麦是我国主要的杂粮之一，用途广泛，籽粒磨成粉后可做面条、面片、饼子和糕点等。荞麦较易被消化吸收，是消化不良患者的良好食品。

（四）莜麦

莜麦加工过程中要经过三熟：磨粉前炒熟、和面时烫熟、制坯后蒸熟。否则，不易消化，引起腹痛腹泻。莜麦面有一定的可塑性，无筋性和延伸性。可做莜麦卷、莜面猫耳朵、莜面鱼等。其熟制方法可蒸可煮（5～10min）。成品一般具有爽滑筋抖的特点。吃时冬季蘸羊肉卤，夏季配咸菜汤。

（五）绿豆粉

绿豆粉可直接用于制作绿豆糕、豆皮、绿豆煎饼、绿豆糕等面点。绿豆粉可与其他粉掺和使用，如与熟籼米粉掺和（称标豆粉）制作豆蓉等馅心和一般饼类，与黄豆粉、熟籼米粉掺和（称上豆粉）可做一般点心。赤豆粉常用于制作豆沙馅。

（六）黄豆粉

黄豆粉具有很高的营养价值。黄豆粉黏性差，常与大米粉玉米粉掺和制作糕团制品，改善制品的口味。如用玉米面或小米面作丝糕时，可以掺入黄豆粉使制品酥松暄软。品种如小窝头、驴打滚等。大豆粉还可以用于制作豆茸馅心。

（七）其他粉料

甘薯含有大量的淀粉、质地软糯、味道香甜，其干粉色泽灰暗、爽滑，成熟后具有较强的黏性。将甘薯蒸熟去皮后于澄粉、米粉搓擦成面坯，包馅后可煎可炸制成各种小吃或点心。芋头性质软糯，蒸熟去皮捣成泥，与面粉、米粉掺和后可制作各式点心小吃。

第二节　小吃的辅助原料

常用的小吃辅助原料有油、糖、蛋、奶、盐、水、果料、蜜饯、冻粉等。

一、油

油脂具有疏水性和游离性，在面团中能与面粉颗粒表面形成油膜，阻止面粉吸水、阻碍面筋形成，使面团弹性和延伸性减弱，而疏散性和可塑性增加。

（一）动物油脂

1. 黄油和奶油

奶油和黄油都来自牛奶中的脂肪，它们和来自牛身上的体脂（牛油）不相同。如将全脂奶静置，奶中脂肪微粒便浮聚在牛奶的上层，这层略带浅黄色的奶就是奶油。将全脂鲜牛奶经离心搅

拌器的搅拌，便可使鲜奶油分离出来。黄油是从奶油产生的，将奶油进一步用离心器搅拌就得到了黄油。

2. 猪油

猪油在中式酥类面点中用量最多，具有色泽洁白、味道香、起酥性好等优点。猪油的熔点较高，为28～48℃，利于加工操作。中式面点中使用的猪油分为熟猪油和板丁油两种。熟猪油系由板油、网油及肉油熔炼而成，在常温下为白色固体，多用于酥类点心；板丁油由板油制成，多用于馅心中。

（二）植物油脂

植物油脂是从植物种子中榨取的油脂。常用植物油有：茶油、豆油、花生油、菜籽油、芝麻油、橄榄油等。可用于调制面团的油脂有精制豆油、花生油、精制菜油等；可用于调制馅心的油脂有茶油、花生油、芝麻油、橄榄油等；可用于面点炸制的油脂有豆油、花生油、菜籽油等。

（三）专用油脂

1. 起酥油

起酥油是精炼的动、植物油脂及氢化油的混合物，经混合、冷却、塑化加工而成的具有较好的可塑性、起酥性、乳化性等性能的油脂产品。起酥油的种类很多，如有高稳定起酥油、装饰起酥油、面包起酥油、蛋糕起酥油等。

2. 人造黄油

人造黄油是以氢化油为主要原料，添加适量的牛乳或乳制品、香料、乳化剂、防腐剂、抗氧化剂、食盐和维生素，经混合、乳化等工序制作而成的。其乳化性、熔点、软硬度等可根据各种成分比来控制。人造黄油具有良好的延伸性，其风味、口感与天然黄油相似。

3. 人造鲜奶油

人造鲜奶油也称为鲜忌廉，主要成分为氢化棕榈油、山梨酸醇、大豆卵磷脂、发酵乳、白砂糖、精盐、香精等。其在 -18℃以下储藏，使用时应先在常温下稍软化后，用搅拌器慢速搅打至无硬块后高速搅打至体积胀大为原体积 10 ~ 12 倍后再改为慢速搅打，直至油脂组织细腻、挺立性好即可使用。常用于蛋糕裱花、点缀、灌馅等。

4. 色拉油

色拉油是对植物油经脱色、脱臭、脱蜡、脱胶等工艺精制而成。色拉油清澈透明，流动性好，稳定性强，无不良气味。色拉油是油脂的炸制油，炸制面点色纯、形态好。

（四）油脂在小吃中的作用

可增加香味，提高成品的营养价值。可使面坯软化、分层或起酥明显。其乳化性可使成品光滑、优良、色均，并有抗老化的作用。可降低黏着性，便于工艺操作。可作为传热介质，使成品达到香、酥、脆、松的效果。

二、糖

糖类原料具有易溶性、渗透性和结晶性等特点。糖在面点中的作用主要：增加制品甜味，提高营养价值。改善点心色泽，装饰美化点心外观。调节面筋筋力，控制面团性质。调节面团发酵速度。具有防腐作用。

（一）蔗糖

主要包括白砂糖、绵白糖、红糖、冰糖、糖粉等。葡萄糖浆：能防止蔗糖结晶返砂，利于制品成型。

（二）蜂蜜

花蕊中的糖经蜜蜂唾液中蚁酸水解而成，含大量的果糖、葡萄糖。

（三）饴糖

饴糖又称麦芽糖，由淀粉水解而成。具有较好的持水性。

三、蛋

小吃中常用的蛋品有鲜鸡蛋、冰蛋、蛋粉、咸蛋黄、皮蛋等。

新鲜的鸡蛋液一般具有良好的乳化性、起泡性和一定的黏结作用。能改进面团的组织状态，提高制品的酥松性、绵软性、稳定性，延长保质期。能改善面点的色、香、味。能提高制品的营养价值。

四、奶

面点中常用的乳品有牛乳、炼乳、酸奶、奶粉、奶酪等。乳品在面点中的作用有：改进面团工艺性能，改善面点的色、香、味，提高面点的营养价值。

五、盐

制作面点小吃以使用精盐为佳。盐在面点小吃中的作用有：改善面坯的工艺性能及色泽。（面坯中加入1%～1.5%的食盐，使面筋网络的性能得到改良）调节发酵面坯的发酵速率及抑制有害菌。（添加适量的食盐，对酵母的生长和繁殖有促进作用）提高成品的风味。

六、水

水是小吃重要的辅助原料之一，水可掺入面团中，可使面筋生成，使淀粉糊化。水有软水和硬水两种，未经煮沸的含有钙、镁离子的为硬水，反之为软水。软水适宜制作小吃点心。

七、果料

果料是制作面点的重要辅助原料。常使用的果料有核桃仁、花生仁、芝麻、杏仁、枣仁、松子仁等。果仁可增加面点营养成分，香味和色泽，并能起到装饰美化作用。

八、蜜饯

蜜饯是以新鲜水果为原料，经过加工后，经糖渍制成的，它含有果胶质、维生素、糖分等。并有自然香味，能提高面点的营养价值，带有水果风味，兼有装饰、美化作用。一般常用的蜜饯有蜜橘红、蜜樱桃、蜜柚砖、蜜枣、蜜橘脯、糖桂花、葡萄干、糖玫瑰等。

九、冻粉

又名洋粉、琼脂。在面点制作中适当加入冻粉，可增加其黏度，使蛋白浆不易下沉，制品形体美观。

第三节　小吃的食品添加剂

一、膨松剂

膨松剂又称膨胀剂、疏松剂，其能使制品内部形成均匀、致密的多孔组织。主要有化学膨松剂和生物膨松剂两类。化学膨松剂主要有：碳酸氢钠、碳酸氢铵、发酵粉等。生物膨松剂主要有：酵母和面肥)。

（一）生物膨松剂

1. 压榨鲜酵母

压榨鲜酵母是将酵母菌培养成酵母液，再用离心机将其浓缩，最后压榨而成。压榨鲜酵母呈块状，淡黄色，含水量在75%左右，有一种特殊香味。

2. 活性干酵母

活性干酵母是将压榨鲜酵母经过低温干燥法，脱去水分而制成的粒状干酵母。其色淡黄，含水量10%左右，具有清香气味和鲜美滋味，便于携带，便于保藏。

(二) 化学膨松剂

1. 小苏打

小苏打学名碳酸氢钠（$NaHCO_3$），俗称食粉。在潮湿或热空气中缓慢分解，放出二氧化碳。

2. 臭粉

臭粉学名碳酸氢铵（NH_4HCO_3），俗称臭起子，外来名阿摩尼亚粉。遇热分解，产生二氧化碳和氨气。

3. 发酵粉

发酵粉又称泡打粉、发粉。它是由几种原料配制而成的复合膨松剂。遇冷水即产生二氧化碳。

二、面团改良剂

面团改良剂主要用于面包的生产。它在面包中使用能增加面团搅拌耐力、加快面团成熟便能够改善制品的组织结构。

三、乳化剂

乳化剂又称为抗衰老剂、发泡剂等，它是一种多功能的表面活性剂。在食品加工中一般具有发泡（维持泡沫体系稳定、疏松）和乳化（维持油水分散体系的稳定、细腻）双重功能。

目前，在蛋糕中广泛使用的蛋糕油即是一种蛋糕乳化剂。

四、着色剂

按来源和性质的不同分为食用人工合成色素和天然色素两大类。食用人工合成色素着色后色杂稳定、色彩鲜艳、使用方便，但要控制用量。我国允许使用的食用的苋菜红、胭脂红的安全使用量不超过0.05g/kg，柠檬黄、日落黄和靛蓝的安全使用量不超过0.1g/kg。食用天然色素是指从生物中提取的色素。可分为动物色素、植物色素和微生物色素三大类 。天然色素对光、酸、碱、热等条件敏感、色素稳定性差、成本较高。但是由于天然色素一般对人体无害，有些还具有一定的营养价值，所以，面点生产中最好选择使用天然色素。在我国允许使用并已制订国家标准的天然色素有紫胶红、红花黄、红曲米、辣椒红、焦糖、甜菜红、姜黄素、栀子蓝、高粱红等。

五、香精、香料

香料：食品香料按其来源和制造方法的不同通常分为天然食品香料和合成食品香料。天然食品香料是完全用物理的方法从植物或动物原料中获得的具有香味的化合物。如天然香兰素、薄荷脑、柠檬油、香茅油、薄荷油、留兰香油等。合成食品香料有天然等同食品香料和人造食品香料之分，如合成香兰素、柠檬酸等。

香精：天然香料与合成香料通常都不能单独使用，由数种或数十种香料配成的附和某种产品需要的混合香料才能使用。这样的混合香料称为香精。香精按制造方法分为水质和油质两种。其中，油质香精耐热、性质稳定，较常使用。例如：橘子香精、柠檬香精、香草香精、奶油香精、巧克力香精。

六、增稠剂

增稠剂是改善或稳定食品物理性质或组织状态的添加剂，可以增加食品的黏度，使食品黏滑爽口，增加食品表面光泽，延长食品的保鲜期。面点中常用的增稠剂有：琼脂、明胶、淀粉等。

七、吉士粉

吉士粉是一种混合型的调香料，为淡黄色粉末，具有浓郁的奶香味和果味。吉士粉的主要成分有变性淀粉、食用香精、食用色素、乳化剂、稳定剂、食盐等。在面点中有增香、增色、使制品更加松脆的作用。

八、其他添加剂（枧水）

枧水是广式面点中常用的一种碱水。它是从草木灰中提取的，其化学性质与纯碱相似。新型枧水的主要成分是磷酸盐和碳酸盐。枧水常用于制作广式软皮月饼，使用量一般为面粉用量的2%~4%。将糖浆（75%）、植物油（25%）和枧水混合均匀，加入面粉搅拌制作。可使月饼成品表皮更加柔软细腻，口感甜润，不发涩并能延长保质期。

第三章　小吃制作的常用设备与工具

一、常用设备

主要设备是各种炉灶和锅。锅类按用料分类，可分为铁锅、铜锅、铝锅、铝合金锅等。

（一）水锅

用生铁锅，常用大号、小号的，用于蒸馒头、花卷，包子等。

（二）炒菜锅

一般直径为60～70cm，用于炒菜、煮面、煮水饺等。

（三）平底锅

分大、中、小3种规格。

（四）铁锅

又称匀板铁锅，直径约50cm、厚1.4cm，铁把弯形，适用于烤各式烧饼、烙饼等。

（五）烤盘

用白铁皮制成，长60cm、宽40cm、厚0.7cm，适用于烤制面包、饼干、蛋糕、酥饼等。

二、常用工具

（一）常用面案工具

1. 面案

面案又称案板、面板。是用厚木板制成的平台。在面食制作

过程中，如和面、揉面、擀皮、成型等都需要在面案上操作。面案也有不锈钢或大理石制作的。

2. 擀面杖

擀面杖是面点制皮不可缺少的工具。对其要求结实耐用，表面光滑，以柏木、樱桃木、檀木较好。

3. 葫芦锤

葫芦锤又名辘轳锤，直径约6.5cm左右，直径中心戳空，穿进一根一头大一头小，长约3cm的双把活动滚珠形槌状，用于擀烧麦皮。

（二）常用炊事机械工具

1. 和面机

和面机又称搅拌机。可将原辅料通过机械搅拌，调制成符合工艺要求的面团。

2. 馒头机

馒头机又称面团分割机，可分割成直条面团、方形面团、圆形面团等几种。

3. 绞肉机

绞肉机用于绞轧肉馅、豆沙馅等。

4. 饺子机

饺子机是利用机械滚轧成型来制作饺子，馅心多少，皮厚皮薄可以调节。

5. 打蛋机

打蛋机分为立式和卧式两种。在面点制作中用作搅打鸡蛋以及粉浆与糖浆的混合。

6. 磨浆机

磨浆机用于制作米浆、豆浆、汤圆粉、糕粉等。

第四章　面点小吃的制作基本技术

第一节　基本操作技术

面点虽然品种繁多，但和面、揉面、搓条、下挤、制皮、上馅等制作的基本过程是相同的。每一步操作都有基本的技术要领，带有各种面点制作技术的普遍性。这些操作技术是制作面点的基本功。不学会这些基本操作技术就很难制出符合质量要求的面点食品。基本操作是否掌握熟练，运用得当，直接关系到生产效率和制品质量的高低。

面点制作的基本操作技术只要有两个方面：一时用于调制面团的，如捣、揉、搋、摔、擦等；二是用于成型的，如搓条、下挤、制皮、上馅等。运用好调制面团的操作技术可以使各类面团达到不同要求，适合做各种制品。如使冷水面团韧性强；发酵面发酵适当，加碱均匀，韧劲适中；干油酥配料合理，擦得匀透；水油酥的油、水适当，并且在面团中分布均匀。成型的操作过程是一环扣一环的，任何一环做得不好都会影响下道工序的进行。因此，这一过程的操作技术更不可忽视，它直接影响到成品的外形完美和质量是否符合标准。

下面分别介绍面点制作的基本操作技术。

一、和面

和面是面点制作过程中第一道工序，也是一个重要环节。和

面是将面粉与不同温度的水或油、蛋液掺和揉成面团。

（一）和面的要领

（1）要有正确的姿势。和面时两脚分开，站成八字步，而且要站立端正，不可左右倾斜，上身可向前稍倾，便于用力。

（2）和面的要求。将面粉倒在案板上或盆中，两手的五指叉开，由外向内，由底层向上搅和，使其疏散，并搅拌均匀后，加入辅料。最后，加入用水调制的酵母，油脂在面粉拌和基本完成时加入，过早加入油脂，会影响面料的吸水性，同时，油脂会影响形成面筋和酵母的发酵。

（3）掺水拌粉。掺水应在拌和面粉的过程中，边拌水边掺水，掺水多少应根据面粉的干湿程度、气候的寒暖、空气的干湿来确定，一般情况下 1kg 面粉，吃水 370g 左右，而且要分次加水拌和，一般掺水分 3 次进行，第一次 70%，第二次 20%，第三次根据情况而定，约 10%。使面粉逐步均匀吸水，才能调制好面团。和完之后要求面粉不黏手，也不粘盆，做到面光、收光、盆光、才能达到要求。

和面的手法有 3 种。即抄拌法，调和法，搅和法。三生面、蛋液面适宜在盆内搅拌，而且要顺着一个方向搅，搅匀为止。

（4）动作要迅速、利落。这样可使面粉颗粒吸水均匀。

（5）根据面点品种质量标准，准确掌握不同类型面团的加水量。

（二）和面的手法

（1）抄伴法。将面粉倾入盆内，中间刨一个坑，水倾于坑中，用双手从外向内，由下到内反复炒拌。炒拌时，用力要均匀，手不粘水，以粉退水，使粉与水结合；再次加水，用双手抄拌，待水与面呈块状，在浇上剩余的水，揉成面团。饮食业在面板上和面多用调和法，主要是冷水面，温水面团河油酥面等。

（2）调和法。这种方法是把面粉放在案板上，围城中凹边后的圆形，将水倒入中间，双手五指张开，从里到外，逐步调和。

(3) 搅合法。将面粉倾入盆中，中间刨一个坑，也可以不刨坑，一手浇水，一手持擀面杖搅和，边浇边搅，搅匀面团。全烫面适宜于在锅内搅拌均匀。

二、揉面

揉面是形成面筋的一个重要环节，要求必须做到以下几个方面。

(一) 揉面的手法

揉面时身体不能靠住案板，两脚分开，双手用力揉面时，案板受力45°以内的角度，案板不得动摇，粉料不得外落，双手用力推开，卷拢，五指并用，用力均匀。手腕着力，用力向外推，使面团摊开，从外向内卷成面团。再用双手往两侧摊开，卷叠，如此反复，揉匀揉透，至面团不黏手，不粘板，表面光滑浸润为止。

(二) 揉面应注意的问题

揉面只适用于水和面团，不能用于烫面团、混糖面团、油和面团等。揉面时应顺着一个方向揉，使面团内形成面筋网络。面粉没有吃透水分时，揉面时用力一些，面团吃透水分之后，用力应重一些。面团配的各种辅料，要拌至均匀分布的面团内，要保持面团光洁。揉面的时间应根据品种而定，要求筋力大的面团多揉一些时间，筋力小的少揉一些，揉匀即可。

(三) 揉面的4种手法

即捣、搋（chuāi 用拳头揉，使掺入的东西和匀）、摔、擦。

1. 捣

在和面之后放入盆中，双手握紧拳头，用力由上而下捣压面团，力量越大越好。面团被捣压，挤向盆的周围，又从周围叠拢

到中间，继续捣压，如此反复多次捣压，使面团捣透、有劲。俗话说："要使面团好，拳头捣千捣。"总之，要捣至有劲有筋力为好。

2. 搋

双手握紧拳头，交叉在面团上搋压，边搋边推，用面团向外搋开，然后，卷拢再搋。搋比捣用力大，特别是大面团，都要用搋的手法，也有用手蘸上水搋，又叫扎。其方法是相同的，适用于制作家常食饼的水调面团。

3. 摔

有两种手法。一种用两手拿着面团的两头，举起来，手不离面，摔在案板上，摔匀为止；另一种是稀软，面团的摔法，即用一手拿起面，脱手摔在盆内，摔下、拿起、再摔下、反复进行，一直摔至面团均匀，如制春卷面团。

4. 擦

制作油酥面团和部分米粉面团，将面粉与油拌和成团，用双手掌将面团一层一层向前边推擦，面团推擦开后，滚回身前，卷拢成团，照前法继续向前推擦，反复多次，直至擦匀擦透，油和面紧密结合，黏合性增强，这样才能使其成型美观。

三、搓条

将揉好的面团搓成长条的一种方法叫搓条。即用刀切一块面团，先拉成长条，用双手掌在面条上来回推搓，使之向两端延伸，成为粗细均匀而光滑的圆形长条，搓要做到两手用力均匀，两边着力平衡，防止一边重，一边轻。圆条的粗细，要根据成品的要求而定。如馒头、大包子的条要粗一些；饺子、小笼包等圆条要细小一些。无论圆条粗细，都做到均匀一些。

四、下剂

面团成型后，开始下剂，下剂又称揪剂、切剂、剁剂、掐剂等。常用的手法如下。

(一) 揪剂

搓成长条后，左手握住条，剂条从左手虎口处露出来，用右手大拇指和食指捏住，顺着剂条向下一揪或一摘，即成一个坯子，立着放在案板上。左手握着的剂条要趁手势翻一个身，使剂条成圆形，再揪下一个剂子时才比较圆而不成扁形，且大小均匀。随着剂条不断得翻身，不断的揪下剂子。

(二) 切剂

软面团，如制油饼，油条的面团很软，无法搓条，和好面团之后，摊在案板上，按均匀，先切条，再切成块或擀成圆形。

(三) 剁剂

剂条置放案板上，用刀一刀一刀剁成剂子。

五、制皮

制皮是面点中的基本操作技术之一。有以下几种手法。

(一) 按皮

将下的剂子用两手揉成球形，再用右手掌将四周的边缘按薄，成为边儿薄，中间较厚的圆皮，如制豆沙包、糖包。

(二) 捏皮

先将米粉团揉匀搓圆，再用右手拇指按成凹形，加入馅心封口，捏成圆形，如制汤圆、珍珠圆子。

(三) 擀皮

有几种擀法。一是单面杖擀皮法；二是双面杖擀皮法；三是青果杖擀皮法；四是通信槌擀皮法；五是轴心滚筒擀皮法。

六、上馅

上馅又称下馅。馅料的种类很多，如糖馅、豆沙馅、肉馅、素馅等，品种不同，包馅方法也不同，多用于包子、点心、饺子等，主要有：

（一）无缝包馅法

适用于制成糖包子、豆沙包子、富油包子等，馅心入于皮子的中心，包好封口即成，关键是无缝不露馅。

（二）捏边包馅法

将馅心放于面皮，稍偏一些，然后对折盖上馅料，合拢捏紧。馅心要求放在成品中心，如水饺、花边饺。

（三）提褶包馅法

常用于成品比较大，馅料比较多的用品。为显示制成品美观，馅心丰满，采用提褶的工艺手法，一般的肉馅包子即成此法。

（四）陇馅法

常用于皮薄，馅多的品种。馅料放于面皮中心，用手在馅心上轻轻捏合翻口花瓶状，不封口，不露馅，如烧麦。

（五）卷包法

面皮上放馅料，用手卷成圆筒形，经蒸熟或炸熟后切断，两头露馅，如油炸春卷，豆沙卷等。

（六）夹馅法

常用于年糕类品种，一层粉料一层馅，馅料要平铺均匀，夹上二三层，多者可至几层，如年糕等。

（七）滚馅法

适用面不宽，只限于汤圆（元宵），将馅切成小方块，粘湿水分，放入米粉中摇动簸箕裹上干粉而成。

以上操作技术属于面点制作的基本操作技术，学号并熟练掌握，才能为制作面点打下良好的技术基础。

第二节　一般的制作程序

不同的面点制作，均有不同程序，应根据品种而定，但大多数情况都要经过制作钱的准备工作（包括原料、工具、发酵等）成型加工、加热成熟的过程。

一、原料准备

面点制作原料分为主料、馅料、变质的情况，要及时解决。

（1）对原料进行称量、核实、确定其重量。

（2）检查原料的品种、质量情况，发现有短少、变质的情况，要及时解决。

（3）检查酵面的情况，保证酵面的使用。

（4）对需要加工处理的原料，要事先一一加工，如馅心的制作，碱的溶化，有些粉料的过筛和成熟等。

二、工具准备

（1）根据需要把应用的工具，放在取放方便的地方，以利操作。

（2）检查各种工具是否定好。

（3）检查工具的卫生，一定要保证清洁。

（4）对于机械，要认真检查零件、运行情况防护设备是否完好。

三、基本操作程序

在上面基本操作技术一节里已依照料操作顺序讲了各环节的操作，这里只简单提一下各个环节的注意事项。

（一）和面

和面是制作面点的第一道工序，要注意：掺水量准备，掺水时不宜一次加入，动作要迅速，有些品种要求调和面时加入酵面菌进行发酵。

（二）揉面

各种辅助原料必须均匀分布于面团中；揉面时用劲必须适当；要保证面团的光洁；要根据品种的不同，掌握揉面的时间。

（三）下剂

要使下的剂子均匀、光滑圆整；在下好一个剂子后，必须将剂条转 90°，以免使下的剂子变形。

（四）制皮

无论使用什么方法制皮，都要用力均匀；皮子的厚薄、大小等要根据制品成型的需要而定。

（五）上馅

要将馅心放在皮子中间，偏了容易漏馅；注意封口处，不可有馅心外溢；要注意速度，做到一次加馅即成；严格掌握分量。

（六）成型

将上好馅的皮子运用不同的手法做成各种形状的半成品或者成品。

（七）成熟

将成型的半成品运用各种加热方法使原料成熟。

第三节　主坯操作

主坯是将各种粮食粉料掺入适当的水或其他填加料，经过调制工艺，使粉粒互相黏连成为一个整体，这个整体称为主坯或面团。

主坯工艺是指将粮食料掺入适当的水或其他填加料以后，用手或工具使之调和，经揉搓、摔挞、饧扎等过程使其相互黏合形成一个整体的综合过程。

在各种粮食粉料中，掺入水、油或其他配料加以调制，使粉料相互粘连成为整体的团块，称为“面团”。粉料成分不同，掺加的水、油等原料不同，调制的方法不同，面团的种类也不同。常见的面团有：水调面团、膨松面团、油酥面团、蛋和面及其他坯料面团。

一、水调面团

（一）水调面团

水调面团，是面粉掺水（有些面团还要加入少量辅助原料，如盐、碱、蓬灰溶液等）调制而成的面团，也称为水面、呆面或死面等。

（二）水调面团的特点

（1）水调面团内没有空洞，面粉与水组成密集型的结构，体积不膨胀。

（2）有韧性，制出的食品不易破碎，食用时口感爽滑、耐饥性强。

（三）调制方法

（1）调制时一般只加水或者辅助原料，不放酵母菌，水温要依据水调面团的类别而定。

（2）选料时要注意，多数应选用面筋质较多的硬质面粉为佳，因为面筋质多面团的韧性就大。

（四）面成团的原因

面粉加水调和成面团是面粉中所含的淀粉、蛋白质与水结合。

1. 淀粉

水温在50℃以下时淀粉吸水量和膨胀率也很低，黏性也没

多大变，当温度超过 50℃时，就会发生明显变化，如水温 53℃淀粉颗粒就会逐渐膨胀，吸水量有所增加；在 60℃时就开始发生糊化，黏性增强；70℃时面粉颗粒增大好几倍，吸水量大大增加，黏性增大，淀粉大量溶于水中；90℃时黏性最大，并使一部分淀粉分解出双糖和单糖。随着温度的提高，淀粉的洁白颜色也会发生变化，因此，在调制面团时，如果水温太高了面团的洁白度就差。

2. 蛋白质

面粉中蛋白质 70% 以上是麦胶蛋白，具有亲水性，能与水结合成胶体物质（俗称“面筋质”）。但其与水的结合力随水的温度升高而降低。水温 30℃时，蛋白质能结合水分 150% 左右；温度在 60℃以下与水结合力最强，经过调制，能形成网状结构；超过 60℃时，面筋开始受到破坏，蛋白质开始凝固，结合力较差，并分解出少量水分。

通过上述分析，就可以得到水调面团形成原理以及各类面团不同性质的依据。冷水腼腆，所以成团，并具有质地硬实、筋力足、韧性、拉力大的特点，就是由于在调制过程中，用的是冷水，没有引起蛋白质热变性和淀粉膨胀糊化的缘故。

由于热水面团用的是 60℃以上的热水，使蛋白质变性，面筋胶体被破坏，无法形成面筋网络，而淀粉膨胀糊化、黏度增强。因此，热水面团具有粘、柔、糯且略带甜味（淀粉糊化分解为低聚粉和单糖）、筋力、韧性差的特点。

因温水面团掺入的水的温度与蛋白质热变性和淀粉膨胀糊化接近，因此，温水面团的成团，淀粉和蛋白质都在起作用。即蛋白质虽然接近变性，又没有完全变性，它还能形成面筋网络，但又受到限制，因而面团能保持一定筋力，但又不如冷水面团；淀粉虽已膨胀，吸水性增强，还只是部分糊化阶段，面团虽较黏柔，而黏柔性又比热水面差，出现了即较有韧性，又较柔软的特点。

二、各类水调面团的特点与调制

水调面团按调制时用水的温度不同，分为冷水面团，温水面团，沸水面团 3 种。

(一) 冷水面团

冷水面团，是只有冷水拌和调制的水调面团。

1. 特点

由于调制时，用的是冷水或水温较低的水，面筋质没有受到破坏，淀粉的洁白度改变不搭，面粉颗粒膨胀较小。因此，冷水面团的结构紧密，面团内没有空洞，体积不膨胀，韧性强，做出的成品色白、爽口、有劲。

2. 调制方法

（1）用冷水调制，在冬天也只能用略高于常温的水。

（2）使劲揉、擦、搋压。

（3）正确掌握加水比例；控制加水量，一般情况 1kg 面粉加水 370g。

（4）静置时间：一般醒面 10min 左右。

(二) 温水面团

温水面团时用 70℃以下的温水拌和调制而成的水调面团。

1. 特点

由于受到水温的影响，面筋质的生成受到一定限制；而淀粉的吸水性却有所增加。因此，温水面团的韧性较冷水面团差，但较冷水面团柔软，富有可塑性，做出成品也不易变形，适宜各种花色蒸饺。有的地区把半烫面团也叫温水面团。半烫面团调制时所用的冷水与沸水的比例有 3∶7 和 4∶6 等，根据季节不同灵活掌握。

2. 调制方法

（1）加水标准要准确掌握。

（2）加入沸水的多少，要根据季节灵活掌握。

（3）要揉匀，揉透。

（三）沸水面团

沸水面团，又叫烫面，是用沸水与面粉拌和调制而成的水调面团。

1. 特点

由于在沸水的作用下，面粉中的蛋白质凝固，并分解出水分，面筋质被破坏，淀粉大量吸收水分而膨胀变成糊状并分解出单糖和双糖，因此，就形成了沸水面团性糯劲差、色泽较暗、富有甜味、口感细腻、易加热成熟的特点。沸水面团适宜于做蒸饺、烧麦、油糕等制品。

2. 调制中要注意的问题

（1）在最后一次揉面时，必须撒上冷水，再揉成面团。其作用是使制品吃起来糯而不粘牙。

（2）面团和好后，需切成小块凉开，使其热气散发。稍凉后，盖上湿布备用。

（3）和面时，用水量要基本准确。

第四节　膨松面团

膨松面团时在调制面团过程中加入适量的辅助原料，在一定的温度条件下，面团起生化反应（发酵）、化学反应或物理作用，使面团内产生空洞，变得膨大疏松的一种面团。

由于面团在调制过程中，加入适量的辅助原料或借助机械力的作用，使这种面团与水调面有了明显的区别，形成它独特的风格，且有体积膨胀、松泡多孔、质感柔软、营养丰富的特点。

目前，广泛使用的膨松方法，有酵母膨松法、化学膨松法和物理膨松法 3 种。

一、酵母膨松法

酵母膨松法是在调制面团的过程中加入酵母，通过发酵使面团膨松的一种方法。这种膨松法，成本低，能增加成品营养价值。但发酵时间较长，产品制成生坯后必须静置一段时间。影响发酵的因素较多，而且不宜用过多的糖、油等辅料，过多会影响膨松效果。

目前使用的酵母，有酵母工厂培养生产的纯菌酵母和食品生产单位自己培养的杂菌酵母 2 种。

（一）纯菌酵母

1. 液体鲜酵母

将培养酵母的溶液除去废渣的乳状酵母，称为液体鲜酵母。其功效与鲜酵母相同，含水量 90% 左右。由于含水量多，适于随时使用。

2. 压榨酵母

压榨酵母是由酵母厂将酵母菌培养成酵母液，再用离心机将其浓缩，最后压榨而成。压榨酵母呈块状，淡黄色，含水量在 75% 左右，有一种特殊香味。这种酵母使用方便，只需根据用量加入少量温水，搅成稀浆，加入面粉中柔和，即可发酵。它的发酵力强而均匀，但已经溶解的酵母应当天用完，否则会因含水多而变酸变质。

3. 活性干酵母

它是将压榨酵母经过低温干燥法，脱去水分而制成的粒状干酵母。其色淡黄，含水量 10% 左右，且有清香气味和鲜美滋味，便于携带，便于保藏。但发酵力较弱，使用前还要有一个培植过程：首先将干酵母溶于 30℃ 温水中，再加入适量饴糖（每克干酵母约加 50ml 水，糖 1g）使之恢复活性机能和加速繁殖，过 45min 即可使用。

（二）杂菌酵母（又称面肥）

常用的杂菌酵母有老酵母与酒酿 2 种。

1. 老酵母

老酵母又称老酵、酵种、发面头、引子、面肥等。

这是利用发透的面团，加到新面团中去，在新面团中起发酵作用。一般用量是：5gk 面粉加 2.5kg 温水，加老酵 0.5kg。用法是先把老酵母用温水泡开加到面团中揉匀，放到盆中，经过一定时间的发酵就成。发酵用温水泡开加到面团中揉匀，放到盆中，经过一定时间的发酵就成发酵面团。由于此法较简单，成本又低，所以被广泛使用。

2. 酒酿

利用酒酿发酵面团，一般在无老酵时使用。制法时：先把面粉、温水准备好，在温水中加适量的酒酿，再与面团搅匀，然后将面团保持在 28 ~ 30℃，发酵 8 ~ 12h 即可。

（三）老酵母发酵原理

老酵母发酵又叫生物化学反应（简称生化反应），它是酵母分泌的“酵素”使淀粉分解而进行发酵。当面团加入酵母，酵母即可得到面团中淀粉在淀粉酶作用下分解的单糖（葡萄糖）养分而繁殖增生，分泌“酵素”可以把单糖分解为乙醇（酒精）和二氧化碳气体，并同时产生水和热。酵母不断繁殖和不断分泌“酵素”，二氧化碳气体随之大量生成，并被面团中的面筋网络包住不能排出，从而使面团出现蜂窝组织而变得膨大、松软，并产生酒香味。在这个发酵过程中，淀粉酶的分解作用是十分重要的。如果没有面团中淀粉所含的淀粉酶的分解作用，淀粉不能分解为单糖，酵母缺少养料是不会繁殖和发酵的。同时酵母的繁殖和发酵也与面团中的空气含量有关，由于和面时不断翻新拌面粉，面团内吸收了较多的氧气，酵母得到氧气的作用才能利用淀粉酶进行繁殖和发酵。另外，发酵中产生的热量逐步积累，当面团内温度超过33℃时，醋酸菌大量繁殖，分泌出氧化酶，将发酵产生的稀薄的酒精（乙醇）变为醋酸和水，使面团有强烈的酸味，同时，变得软、更软。

（四）酵母发酵的作用

（1）发酵产生的二氧化碳，在面团内不能排出，形成了面团多孔膨松的状态，使面团和面团制品变得松软，富有弹性，便于食用。

（2）发酵过程产生的水分能软化面团，使面团制品变得更软更易咀嚼。

（3）由于发酵与酵母繁殖同时进行，通过发酵，面团内的酵母细胞大量增殖，酵母本身含有丰富的营养，这样面团和面团制品的营养价值也就提高了。

（4）发酵过程中产生的乙醇和少量醋酸，与淀粉在淀粉酶作用下分解的单糖相混合，使面团和面团制品具有酒香、酸甜可口的特殊风味。

（五）酵母发酵的条件

由上面的发酵原理和作用可以看出，发酵的好坏与下面几个条件有关。

1. 酵母的用量

一般说在同一种面团中，酵母的用量越多，发酵力就越大，发酵的时间就越短。

目前，用户中大多是凭实际经验，根据气候、水温、季节、时间及品种要求而确定酵母的用量的，没有统一的规定，应根据不同情况灵活掌握。

2. 面粉质量

对面粉的质量要求，一是淀粉酶的含量更多，以便由淀粉转化出更多的糖类，供酵母繁殖和发酵；二是可以转化成面筋质的蛋白质要丰富，这样调制出来的面团才有较好的韧性和延伸性，

发酵时面团保持气体的能力就强，蓬松的效果就更好。

3. 发酵时的温度

主要包括两个方面：一方面是气温；另一方面是调制面团的水温。根据测定，酵母菌在 28～30℃时最具活力，60℃以上死亡，15℃以下繁殖缓慢，0℃时失去活力。因此，天冷发面时水温应高一些（夏天可低一些，一般用冷水即可），并应根据气温情况做好保温工作，使面团的温度适合“酵素”的繁殖。温度过低，发酵缓慢，甚至发不起来；温度过高，发酵时间短，乳酸菌生长也快，会增加面团的酸味，而且使面团无筋，色泽发暗，不利于提高制品的质量。

4. 面团的软硬

面团的软硬对发酵速度有直接关系，关系到成品的质量。较软的面团容易被发酵产生的二氧化碳气体膨松，但是气体容易散失；较硬的面团发酵慢，因为这种面团的面筋网络紧密，抑制了二氧化碳气体的产生，但能防止气体的散失。面团的软硬应根据制品的品种而定。控制面团的软硬可从以下几个方面加以调节。

（1）面粉本身的粗细程度。细的吸水力强，粗粉，加水量宜稍少于细粉。

（2）面粉本身含有的水分。含水量多的（如新麦）应少加水，含水量少的应多加水。

（3）气候的干燥程度。冬天气候干燥，加水应多一些，夏天气候潮湿加水应少一些。

（4）面团内加有糖、油等配料的加水量应少一些。

（5）面团的。韧性和延伸性过大，调制时可适当提高水温，韧性和延伸性过小的可加入适量的食盐。

（6）发酵时间的长短。面团内放入酵母揉匀后，即静置等待发酵，所需时间应根据气候、水温周围环境、酵母数量及质量、制品的要求等方面来决定。一般是：天气热、面团温度高，酵母的数量多、质量好，发酵所需时间就短；反之，时间就长。

以上6个方面，不是孤立的，而是互相联系互相制约的，如有一个方面变化，其他方面也应根据情况来变化，见下表。

表　酵母发酵的条件变化示例

季节	面粉（kg）	水温	气温	加水（kg）	老酵母（kg）	时间（h）
春	5	10～20℃	10℃以上	2.5	1～1.5	6
夏	5	凉水	25℃以上	2.5	0.5～1	4
秋	5	10～20℃	10℃以上	2.5	1～1.5	6
冬	5	20～30℃	0℃以上	2.5	2	7

（六）发酵面团加碱

面团发酵后由于部分单糖（葡萄糖）变成乳酸、部分单糖变成乙醇之后又变成醋酸，而使面团带有酸味，因此要加入适当的碱面，使其与酸中和。食碱的成分是碳酸钠与乳酸、醋酸中和反应后生成乙酸钠和丙酸钠及二氧化碳。迅速增多的二氧化碳气体使面团进一步膨胀；乙酸钠与丙酸钠是中性物质，没有酸味，又能是面团继续发松、发软，使制品美观可口。

加碱必须适当。加少了，部分乳酸、醋酸得不到中和，酸味去不掉；加多了，中和反应后面团中仍有碱，制品味道变苦，颜色变黄。检验加碱是否适当的方法有：

1. 嗅酵法

酵面加碱揉匀后，用刀切开酵面放在鼻子上闻，有酸味即碱少了，有碱味即碱多了，无酸碱味为适当。

2. 尝酵法

取出一块加过碱揉匀的面团，放在嘴里嚼一下，味酸则碱少，有碱味则碱多，有酒香味而无酸碱味为正常。

3. 揉酵法

面团加碱之后用手揉面团，揉时黏手无劲是碱少；揉时劲大，滑手是碱多；揉时感觉顺手，有一定劲力，不粘手为正常。

4. 拍酵法

加过碱的面团揉匀，用手拍面团，拍出的声音空、低沉为碱少，声实是碱多，拍上去“啪、啪”响亮的是正常。

5. 看酵法

加过碱的面团揉匀，用刀切开酵面，内层的洞孔大小不一，是碱少；洞孔呈扁长条形或无洞孔是碱多；洞孔均匀呈圆形，似芝麻大小为正常。

6. 试样法

取一小块加碱揉匀的面团放在笼上蒸：成熟后表面呈暗灰色、发亮的是碱少，表面发黄是碱多，表面白净为正常。

(七) 酵面面团的种类及其使用范围

1. 大酵

大酵又叫老面，就是发足的酵面。其结构松软，用它制作面食制品不需要饧面，速度快，可用来制作大包、花卷、银丝卷等。

2. 嫩酵

嫩酵就是没有发足的酵面。有一定的韧性和弹性，其制品有嚼劲，适用于做保存汤卤的食品，如小笼汤包等。

3. 拼酵

拼酵又称抢酵、碰酵。它是根据制品的要求用适时的酵面、水、面粉揉和在一起所形成的发酵面团。它可随揉随制，随上笼蒸熟，适用于应急制作食品。

4. 呛酵

在发好的酵面中加入干面粉搓揉成团，称为呛酵。根据制品要求，用呛酵面团可以直接加工成制品（如呛面馒头），其制品干硬、筋力大、韧性强；还可以继续发酵，继续发酵后应加入适量的碱、糖，这样可使制品表面开花，洁白柔软、香甜、松胀，如开花馒头等。

二、化学膨松法

利用苏打、发酵粉、碱、明矾等化学品与面团揉合，加热时产生二氧化碳气体使面团体积膨大松软，称为化学膨松法。

化学膨松法一般多用于糖、油等多辅料的面团，主要用于制作精细点心，如奶油开花包等。化学膨松剂可分为两类：一类是单一加工好的原料，如小苏打、发酵粉等；一类是混合性的原料，如明矾、碱、盐混合使用，炸油条、油饼的膨松面，就是这种混合原料。

化学膨松法从和面到制坯的时间较短，方法简便，因为不用酵母，所以，不受酵母生活条件的限制，但成本较高，用量控制的要求也比较严格。

（一）对化学膨松剂的要求

（1）以最小的使用量而能产生最多的二氧化碳气体为原则。

（2）在烘烤加热时，膨松面团内能迅速而均匀地产生大量二氧化碳气体。

（3）在烘烤加热后的成品中所残留的物质必须无毒、无味、无臭和无色。

（4）化学性质稳定，在食品贮存期不易变化。

（5）价格的低廉，使用方便。

（二）常用的化学膨松原料名称及性能

1. 碳酸氢钠（小苏打）

把碳酸钠加热到70℃时产生二氧化碳气体较多，1g 小苏打可产生二氧化碳气体约0.524g（在常温下，它的容积为300ml）。根据实验确定，小苏打一般使用量为面粉总量的1% ~2%。用

于高温烘烤的糕饼制作，使用量不能过多，过多会使制品发黄，带有碱味。小苏打的使用量一般为面粉总量的1%～2%。

2. 碳酸氢铵　又称臭粉

它在36～60℃时即分解产生二氧化碳气体。1g碳酸氢铵可产生二氧化碳0.458g及氨气0.354g（在常温下其容积约为250～500ml）。由于在发生化学反应同时产生几种气体，故发力较强，一般适用制作薄型糕饼，不宜制作馒头等品种（如制馒头，氨气的味道不易散失）。用量一般为面粉重量的0.5%～1%。

3. 发酵粉（泡打粉）

发酵粉是一种复合蓬松剂，有很多不同的种类。一般是将固体的碱和酸的粉末混合，在干燥的条件下它们不接触，也不发生反应，一旦遇水就会溶解接触，反应放出气体的使用量一般按面粉重量的3%～5%。

4. 化学蓬松剂的危害

由于小苏打和臭粉的反应产物（二氧化碳，氨气）也是人体代谢的产物，只要不过量使用，不会导致明显的健康问题，但会破坏食物中的某些营养成分如维生素等。而明矾和泡打粉都含有铝。国际上很多报导均指出铝与老年性痴呆症有密切关系，同时也减退记忆力和抑制免疫功能，阻碍神经传导，而且铝从人体内排出速度很慢，应该在食物中严格控制明矾和泡打粉的使用，并尽量少吃含铝的食物。

三、物理膨松法

物理膨松法又称调搅膨松法或机械力胀法。它是通过用高速度调搅，使面糊内充满细微的空气泡沫，这些泡沫受热膨胀，又使制品膨松、柔软的一种膨松法。这种方法不用酵母或化学膨松剂为发酵原料，因此，不受生物与化学条件限制，工作程序较简单；但胀发时，必须用鸡蛋作为调搅介质；适用范围远不及酵母发酵法广，但比化学膨松法广。利用鸡蛋调搅使面团胀发也叫蛋泡发酵。它具有良好的工艺效果，不仅可使产品增加营养，改进口味和色泽，而且比酵母和化学膨松剂的膨松力大。它可增加体积几倍以上，气体的保持力也较为稳定。

在制作蛋糕时，一般都用新鲜鸡蛋为原料。这是因为新鲜鸡蛋含氨物质高，灰分低，胶体溶液的稠浓度强，具有保持气体的更好性能，而且没有不良气体。蛋越新鲜，蛋清越稠浓，蛋黄的弹力越大，制作的成品质量越好。存放过久以至散黄的鸡蛋和变质的蛋类，均不宜使用。除此之外，还宜选用精粉，调制时要求一次搅成。

第五节　米类和米粉制品

米类和米粉制品，在我国饮食业中占有重要的地位。我国南方各省以产稻米为主。稻米不仅是我国人民生活中用以做饭煮粥的主要粮食，也是制作丰富多彩的糕、团、饼等米粉食品的重要原料。在我国南方有些以米为主要原料制作的食品，比用麦类制作的还要多。

一、米粉和面粉的区别

用冷水调制面粉的面团劲大，粘连性好，韧性足。而米粉则相反，无劲、韧性差、松散，不能成团。这是因为它们所含的蛋白质不同。面粉所含的蛋白质吸水后能形成面胶状的面筋网络；米粉所含的蛋白质则不能形成面胶状的面筋网络，起不到粘连和组合作用。虽然米粉所含的淀粉胶性就不能发挥作用。所以，用冷水调制的米粉团，不易成团，也很容易散碎，不能制皮、上馅、捏包成型。这就决定了米粉团的米粉取1/3蒸煮或用90℃以上的沸水冲拌，使其淀粉迅速糊化，具有很大

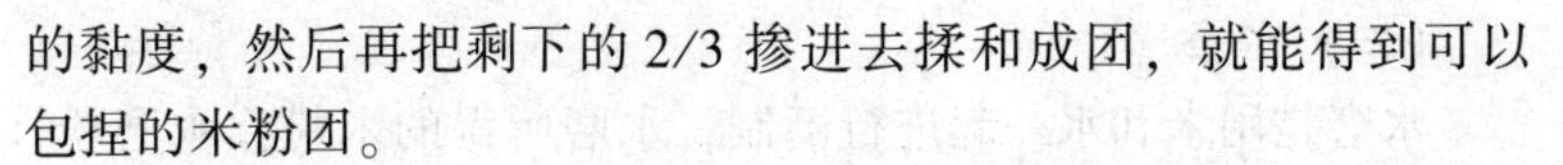

的黏度，然后再把剩下的2/3掺进去揉和成团，就能得到可以包捏的米粉团。

水和面团能发酵成又松又软的馒头，米粉团也可发酵制成松软食品。但是两者发酵的条件和方法却不相同。水和面团只要加进酵母在一定温度下即能发酵，发酵取决于面粉中淀粉酶的含量、活性和面粉中蛋白质形成面筋的程度。但米（包括一些杂粮）粉团只掺酵母却不发酵，因为它所含的淀粉酶参与淀粉分解话作用的活力比面粉地，酵母在里面缺乏单糖的滋养而不能繁殖和分泌“酵素”，即使有“酵素”也缺少单糖来与它进行生化反应，产生乙醇和二氧化碳气体。由于米粉团内缺少面筋网络那样的筋络，有了气体也难于保持使其产生膨胀力。因此，米粉团的发酵必须采取特殊的办法，即加入辅助糖料进行糖发酵。

二、米粉的磨制

米粉的磨制方法有干磨、湿磨和水磨3种。

（一）干磨

将各类米不加水，直接磨成细粉的方法叫干磨。用这种方法磨制的米粉叫干磨粉。干磨粉一般都是粮食部门集中生产供应的，其优点是含水量少，保管方便，不易变质，缺点是粉质粗、滑爽性差。

（二）湿磨

湿磨是将米用水泡过（未泡透）晾成半干粉再磨成粉。用这种方法加工成的米粉叫湿磨粉。湿磨粉的制作要经过淘米、磨粉和箩筛3个阶段。湿磨粉一般是使用单位自己加工。它比干磨粉粉质细腻，成品口感软糯；缺点是含水量多，难以保管，特别是热天，应随磨随用，如要保存，必须晒干才行。

（三）水磨

水磨是用米和水一起进行磨制，水磨所得的米粉称水磨粉，水磨粉多数用糯米掺入少量粳米（一般糯米占80%～90%，粳米占10%～20%）进行水磨所成。磨制方法：先将糯米、粳米按比例掺和，淘洗干净，用冷水浸透后，连水带米一起上磨，磨成粉浆，装入布袋，将水分挤压出来，袋内即成水磨粉块。水磨粉粉质细腻，成品不但软糯，而且口感润滑；缺点是水的含量比湿磨粉更大，在热天容易变味、变质、发红、结块，不宜保存。用剩的粉块必须摊开，放在阴凉干燥处。另外，很大部分营养成分在泡米过程中损失了，所以水磨粉制品缺乏营养。制作水磨粉耗用动力大，工序复杂，浪费粮食也较多。

三、一般米糕的制作方法

米糕是米粉点心的主要品种之一，花色品种很多，大体可归纳为松质糕和黏质糕两类。

（一）松质糕

松质糕简称松糕，是先成型后成熟的品种。用糯米粉、粳米粉各半，加入配料（糖类或糖浆），再加适量的水拌成松散的粉粒，用各种模型，筛上糕粉蒸熟（根据不同品种，选择网眼粗细不等的粉筛）。这种糕的特点是松软多孔，大多数为甜味或无馅品种，如各色的松糕、薄荷糕等，只有方糕一类是甜味有馅的品种。

（二）黏质糕

黏质糕是先成熟后成型的品种。先将粉料加水、糖等调拌成粉粒状蒸熟，用搅拌机打透至表面光洁、不黏手为止，做成年糕和各色糕团。此类点心的特点是黏实。有韧性、爽滑、柔软、甜或咸甜。

第五章　小吃的成型操作

成型就是用调制好的面团或坯皮，按照面点形态的要求，包以馅心（或不包馅心），用各种方法制成多种多样形状的成品或半成品。面点制品的成型时面点制作的重要组成部分。成型如何，不但影响制品的美观，而且直接影响成品的质量。成型还可使制品花样繁多，色泽鲜艳，形态逼真，给人以美得享受。

成型是否美观也是面案工人技术水平高低的标志之一。

我国面点制品繁多，各地成型名称没有统一，但常用的成型方法是一致的。下面分四节介绍。

第一节　搓、包、卷、捏法

搓、包、卷、捏这一类成型法，主要用于制作馒头、包子、卷类、饺子、馄饨等面点品种。

一、搓

搓是一种适用于无馅面点的成型技术。搓的方法可分为案上搓和手上搓 2 种。

案上搓如麻花，其操作方法为：先将面剂搓成小条，稍饧一会儿将小条搓成长条，然后将搓好的长条用两手在案上搓上劲，将两头合在一起，搓长上劲。

用搓的方法是，要注意在将小条搓成长条时，不可硬性拉长，否则易使面条拉断，拉长后还会缩回去。搓时两手用力必须均匀，搓出的条才会粗细一致。

手上搓，如搓馒头，是用揉搓的方法（有的地区也在案上搓揉馒头），揉搓时用左手掌托在馒头底部，右手大拇指和小拇指拢住馒头底圈，使手掌和其余三指放在馒头两侧面，利用手掌向前推，手指向后卷，一推一卷，反复多次，即成表面光滑的半圆形馒头。

二、包

包是把制好的剂坯包上馅心，制成各种不同形状的制品。常见的品种有春卷、小笼包子、馅饼、馄饨、烧麦等。

包的成型的方法，使用较广。使用时应先了解品种的性质、特点及操作手法。如小笼包子，不同品种的烧麦、馄饨，其包制的手法就各不相同，因而要仔细了解，熟练掌握，才能包出理想制品。

在包制过程中，要注意：

（1）馅心一定要包在皮子的中间，不要将馅心抹到皮边收口处，以防煮制时渗进水分或蒸制时卤汁外溢，使制品皮馅分离。

（2）馅心四周的皮子薄厚要均匀，才利于同时成熟，并防止破损。

（3）无论包制成哪种形状，皮边一定要对齐、捏紧，在捏紧时不可用力过猛，以防馅心挤破包子。包饺子时要注意手包捏的位置，不然会形成许多不应有的皱纹，影响成品的美观。

（4）包制时两手要配合得协调自然。

（5）装馅时一定要根据制品的特点，装的适量，符合皮馅的比例要求。否则，将影响成型操作，影响成品的质量。

（6）收口处要捏的紧，不留剂头，不出现面疙瘩，但又不能因为捏得薄而使皮边破损，馅心外露。

三、卷

卷是吧面团擀成薄片，然后卷起，再根据需要制成各种面点。卷的方法可分单卷和双卷 2 种。

单卷即是从薄片的一边卷起成圆筒形，如制作花卷，就是使用单卷的方法。但是有的薄片制的过宽，单卷过粗，也可使用双卷得方法。双卷主要使用于做一些花色品种。如鸳鸯卷的制法是在薄片的两边离中心线 1/2 处，分别抹上两种不用颜色的馅心，然后从薄片的两边卷起，卷到两卷相对时停止（操作时一般是先从薄片的一边卷起，1/2 处停下，然后从另一边卷起，卷到 1/2 处停止）。这样卷下面相连，上面分开呈相对的两个卷，熟制后，两卷的颜色各异，互相映衬，各显艳丽。

还有一种是在制熟后再卷制成型，如云卷糕、卷筒蛋糕、芝麻卷糕等。就是把制熟的糕片抹上馅心，趁热迅速卷制，并压好卷边，使糕卷粘住，然后再切成一定分量的成品。

卷得方法比较简单，但如卷制不好，也会影响成品成型。卷制时应注意以下几点。

（1）卷的两端要整齐，要卷得紧，在卷边抹点水，使其粘连，否则卷成的卷易散裂。

（2）要卷得粗细均匀，为此，擀制时就必须擀得厚薄均匀。

（3）为保持其切断面的花纹不被破坏，切制时刀要锋利，下切速度要快，一刀切到底。

（4）卷制前，薄片上一般都需抹馅或油，抹时切不可抹到边缘，以防卷制时将馅心挤出，既影响美观，有损失原料。

四、捏

捏是面点制作最重要的成型方法之一。用捏法成型的面点品种最多，艺术性也较强。它是在包的基础上进行的。从捏的手法讲，可分为挤捏、推捏、绞捏、叠边、塑捏等 5 种，后两种捏法工艺复杂，技术难度较大。

（一）挤捏

这是最普通的一种捏法，如木鱼饺（肚大、边小、形似和尚敲的木鱼），北京的水饺多采用这种捏制法。具体手法是左手托皮，右手上馅把皮合上，对准皮边，双手食指弯曲在下，拇指并拢在上，挤捏饺边，捏紧捏严，粘牢即成。

（二）推捏

仍以水饺为例，合上饺皮后，右手的食指放在皮边的外边，大拇指放在皮边的里边，拇指一推，食指一捏（把两块皮子捻动起来），一直向前捻动形成连续完整的花边。因此，推捏又叫推花边。因各种制品所用的推捏动作不同，所形成的形态也不同。如捏饺子的花边是在饺子的上部，提褶包子的花边是在包子的上半圈，而秋叶包子的花边则在包子的中间部位，形成了不同的花色。推捏花边时，前后花边对齐，不能有高有低推捏手力要轻，但要捏紧，不能伤皮破边，推的花边要均匀、清晰。

（三）绞捏

绞捏方法与推捏相似，但在捏时，合好皮边，对齐挤拢再用右手拇指与食指在边上绞捏出“绞丝”形的花边，而且要一环扣一环，环环扣紧、扣匀。这样熟制后花纹清晰。均匀而不散开。绞捏法主要是通过捏出花边，起到美化的作用。在此基础上，略加变化就可以形成很多花边，如把酥饺的一角塞进去，塞进部分捏成花边，形似眉毛，即叫眉毛酥，用两种不同颜色的酥皮，两角相叠成圆形，再沿着边捏成“绞丝”花纹，又称为鸳鸯酥合。

（四）叠边

叠边是一种比较复杂、变化较多的捏法。这种捏法的特点，是把皮边提起，再捏成内有空洞的形状，空洞中再填些彩色的馅

心末。就成为叠捏的花色品种。这类品种变化极多，但基本的有二洞、三洞、四洞、五洞。如双洞的鸳鸯饺，其捏法是在包入馅心后，将皮子两边覆上，对称捏紧成为两个相同的圆洞，再把一个圆洞旁侧对称的两点和另一个圆洞的两点捏起。这样，饺子上面就形成两个洞眼，犹如眼睛；另外还有两个不规则的孔洞，在这些孔洞中，分别放入彩色的馅心即成。三洞的三角饺（也叫一品蒸饺、三色蒸饺）是在包入馅心后，将皮子四周分为三等份，向上拢起，叠捏成3个大洞，并将大洞的边缘捏尖，分别填入彩色馅心即成。四洞得四喜饺，其捏法与三角饺相同，只是把皮子分成四等份，向上叠捏成四个大洞。五洞的梅花饺又与四喜饺相似，只是分为五等份，叠捏五个洞。叠捏的同时，在其边上推捏花边或捏花边或绞捏花纹，以改善形态。如果把叠捏的洞加以变化，还可以捏出象形的花色饺，如知了饺、白菜饺、蝴蝶饺等。

（五）塑捏

这是一种综合性的捏法，即挤、推、叠、绞等捏法都要运用，同时还要加上造型的手法和色彩的配置，捏塑成各种形象物，如飞禽、走兽、花卉、水果、蔬菜、鱼、虾等，色泽鲜艳，形态逼真。所以，这些制品不仅是面点，而且是精致的工艺品。塑捏用的原料，主要是用一定比例的糯米、粳米、掺和磨成的干磨粉，再掺入少量的面粉（也有用澄粉做的），并采用煮芡调制出黏柔的面团。塑捏以苏州的船点最为著名。

塑捏技艺比较复杂，一般都要分步来捏，首先捏出体形，再运用各种手法逐步装配其他部位，就能制成各种栩栩如生的制品。掌握这个技艺要经过反复的实践、练习，并要经过对实物的长期观察琢磨，才能使塑出的形象物达到逼真的效果。同时，应抓住实物的特点，精心构思，运用适当的艺术夸张手法，创造出比实物更美得形态，给人以美得享受。现以两个实例介绍塑捏法。

1. 南瓜捏法

这是较简单的一种。一般用两种颜色的剂子，一种调成橘红色，是主要剂子（占全部剂量的9/10）；另一种调成绿色，是辅助剂子（1/10）。第一步将橘红色的剂子捏成窝形，包入馅心收口，塑捏成扁圆的南瓜体型；第二步用骨针在其四周压出六道深痕，两痕之间呈凸圆鼓形，即成为日常所见的南瓜的样子；第三步把绿色剂子塑捏成一头扁圆、一头细长的瓜蒂，用骨针插在南瓜上部中间即成。

2. 寿桃塑捏法

捏制寿桃，一般常用的颜色有绿、红、可可粉色等。制作时可分三部进行：第一步把主要剂子（占全部剂量的9/10）捏成窝形，包上馅心收口，塑捏成桃形（用骨针在一面压出一道深痕）；第二步将辅助剂子（占5%）加入绿叶汁揉匀成绿色，擀成薄片，加工成桃叶片状，贴在桃上；第三步把辅助剂子（占5%）加入可可粉揉匀搓成细条，加工成桃把，粘在桃上（可用少许凉开水），桃尖刷上红色水即成。

第二节 抻、切、削、拨法

用抻、切、削、拨成型法制作的面点形状比较简单，只有条形，除粗细、圆扁、宽窄外没有什么太大的变化；但技术难度较大，例如抻面，不经过刻苦练习，是容易掌握的，尤其是细如牛毛的龙须面，技术要求更高。

一、抻

抻主要用于抻面。抻面也叫拉面。抻出的面条要求吃起来有劲、柔润、滑爽。抻面的要领如下：

（一）和面

和面的要求比较严格，将面粉放入盆内，中间挖一个小坑，将全部用水量的50%倒入，用双手拌匀，直到无干面为止；然后揉成团，把留下的水倒入50%，把面团翻过来，双手捏紧拳头进行捣搋，边搋边折叠，知道水干为止；再把剩下的水碱化开；带在面团上，把面团翻过来，在进行捣搋，直到水干再加入少量水分，将面团翻过来即可。

（二）溜条

将面团的面筋溜的顺直，使面筋分子有规律的排列起来，并且粗细均匀，称为溜条。其方法是用双手拿住面团两头，上下抖动，使之延长，在折叠起来，用右手中指钩住面条中间进行抖动，打扣并条，如此反复抻抖，直到吧面溜出韧性，面筋顺直为止。

（三）拉条

在面条溜顺后，放在案板上，撒上面粉，用两手按住面条的两头对搓，上劲后两手向两头一抻，甩在案板上一抖，两头合并，左手将合并的头捏紧拿住，右手的拇指、中指扣在中间（成为新的另一头），然后左手手掌向下，右手手掌向上，再向两头抻开，抻长后再撒面粉，两头再并拢，按照前法，继续抻开。每并以此，行话叫做一扣，扣数越多，面条越细，一般面条7、8扣，最细的面条可达12扣，达到12扣，则成龙须面条。

抻面的关键在于抻时动作迅速，干净利落、一气呵成。如溜条时，一次溜顺，中间不能停歇；出条时，要扣的准，抻的开，不能出现并丝、断丝的现象。

面条的名称有：带子条、柳叶条、韭菜、细韭菜扁、一窝丝、绿豆条、龙须面、三棱条等。

二、切

切可分为手工切和机器切两种。机器切面产量高，劳动强度小，能保持一定的产量，适用于工厂和食堂大批量制作时用。手工切一般适用于使制品有独特风味的高级面条，如伊府面、担担面等。

要使面条适合制品的口味、形状及其他要求，主要应把握好和面、擀制、刀切三关。

（一）和面

因为擀制的多为面条，所以一般面团较硬。和面时除了根据制品的要求，加入适量的水、盐、碱、鸡蛋清等原料外，和面前还应注意先把所需的辅助原料拌和均匀，在根据季节的变化掺水，一般要求和出的面团夏天略硬，冬天略软。常用的面团面粉和水的比例是每500g面粉加200～225g水，夏季水要凉，冬季略温。掺水不宜一次加完，一般分三次加完为宜。第一次加入总水量得60%～70%；第二次加入总量的30%～40%；第三次可根据情况加入。面团调成后要用力揉透、揉光，并整成一定形状(圆形或方形)，用干净湿布包好静置一段时间（即“饧面”)。

（二）擀制

擀制面条，是面点制作的一项基本操作方法，擀制的好坏，直接影响制品的形状、口味和质量。擀制时不宜用过多的干面粉，两手用力要均匀一致，使擀制的面达到厚薄一致，片大而薄。

（三）刀切

切时首先将面片折叠起来，用左手按住折叠好的面片，右手持刀，连续切。两手要紧密而有节奏地配合，面条要棱角整齐，宽窄一致，不连刀。刀应直上直下，不要偏里偏外。

此外，有的面点熟制后的成型也需要切，如夹心蛋糕蒸熟

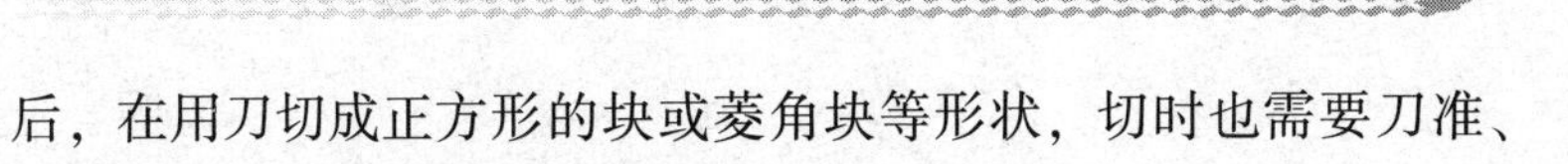

后，在用刀切成正方形的块或菱角块等形状，切时也需要刀准、下刀快、收刀稳，保证成品的棱角整齐。

三、削

削，是用于面条成型的一种方法，一般做法是将饧好的面条截取2～2.5kg在案上揉搓，再整成长方形面块，左手掌心将面团托起，对准煮锅，右手持刀（用弯曲刀片），手腕用刀灵活，眼看着刀，刀对着面，一刀接一刀地向前推削，有顺序地削成三棱形，宽厚相等的面条，削的面片随即飞入锅内煮熟。为保证削面得质量，需注意以下几点。

（1）面要和得硬一些，一般每0.5kg面粉用冷水150～200g。为了增加面团的筋力，也可酌情加些食盐。面要揉匀揉透，揉到光滑细腻，并充分饧好。

（2）削面时必须把刀口平贴于面块，这样便于掌握面片的宽度，每一刀削下是要削透，不要连片。

四、拨

拨，是用筷子拨出面条的一种方法，用这种方法做出的面条，又叫拨鱼面，做这样的面条，加水量要多，一般每0.5kg面粉加350g以上的水，要用温水，面和好后要放一定时间。拨时将面放入碗内，然后左手持碗，对着煮锅，保持倾斜状，右手持削尖的筷子（在水里浸透），对着流到碗边的软面，顺着碗边一拨即拨出长约2cm粗0.5cm，中间粗、两头细的小鱼形面条，落入锅内。拨鱼面要注意等软面流到碗边不多不少时才拨，而且每条的粗细要拨得均匀一致。

第三节 叠、摊、擀、按法

叠、摊、擀、按法主要用于饼类制品。如果配合其他方法，也能做其他花色品种，特别是叠的成型法，花色更多。

一、叠

叠是把大块面团擀成薄厚均匀的片，然后叠制。根据制品的需要，有的叠制九层，其制品形状整齐、层次清晰。这类制品有千层糕、兰花酥、梅花酥等，做法可参看本书第六章制作实例中的千层糕。

叠制时药注意以下几点。

(1) 叠是与擀相结合的一种工艺操作技法，要边擀边叠。而且每一次必须擀得薄厚均匀，否则成品的层次将出现薄厚不均的现象。此外，擀的边线也要整齐，以便利于叠制。

(2) 叠制前得抹油或撒熟面是为了隔层，但不宜过多，否则影响擀制。

(3) 擀片大小、薄厚及叠制后的大小。薄厚都应根据制品的需要而定，事先应做到心中有数，预先做好设计。否则，会因叠制的大小、薄厚与制品的要求不同，影响成型操作。

(4) 叠时药使边线对齐，掌握好长、宽的尺寸，每一次对叠时上下宽窄应一致。

二、摊

摊，一般有两种情况，一是制品边摊边成型，二是制品原料先摊成皮，后加入辅料成型。摊制的面点有煎饼、春卷、大肉锅饼、枣泥锅饼等。

摊，一般都在平锅上进行，摊的过程即熟制的过程。摊时一

般用木拖把在平锅上把面浆刮平，应注意正确掌握锅内的温度，不可太热，更不可抹油过多。

三、擀

1. 擀皮

主要适用于各种包馅的品种，如擀水饺皮、蒸饺皮、包子皮等。擀皮的方法又可分为单手擀和双手擀两种。单手擀皮是把面剂用手掌按扁，用左手的大拇指、中指、食指 3 个手指捏住按扁的面剂的边，沿向左边转动，右手即以面杖压在剂子 1/3 处，随着左手的转动，边转变擀。双手擀分双擀单皮和单杖双皮两种方法。双杖单皮所用的面杖有两根，其形状两头尖、中间粗，似橄榄状，比单手杖稍细。擀制时先把剂皮按扁，双手握面杖的两端，以剂子的边缘向前擀制，从左到右让皮子自然转动。擀制时两手用力均匀，前推时右手稍用力，后拉时左手稍用力，两根擀杖要平行靠拢不是分开，并要注意面杖的着力点。单杖双皮法目前使用较少，因擀制时首先把剂子按扁，中间抹少许清油（或面粉），两个剂子放在一起，双手握面杖的两端，从剂子的边缘向前推擀。擀时应把面剂上下放齐，擀一次把面剂翻一次，保持上下剂子厚薄均匀一致，到面皮制好后，经手工分开即成，如两剂中间放的是面粉，擀成后即可分开。

无论是双手擀还是单手擀，擀出的皮子都要四边薄中间稍厚，薄厚均匀，皮子圆正，大小适宜。制皮时应注意：

（1）两手用力均匀，密切配合。

（2）根据制品的需要和面团的性质决定擀的薄厚和大小。

（3）所擀出的皮子整齐划一，规格一致。

2. 擀片

这是用长面杖或大走锤将面团擀成较薄的大片，常用于制作花卷、刀切面、酥皮等。

擀片时先将面团用手压成后圆饼或厚长方形饼，然后两手持面杖的1/3处，从中间逐渐向外推擀，使面团逐渐向四周扩展，最后擀到薄厚适宜符合要求为止。擀片时双手用力要均衡。

3. 擀饼

擀饼是使饼片成型的一种技法，根据制品的形态，在擀制的方法上也有所区别。一般来说较大的饼直径约0.5m，如筋饼、单饼等。擀杖落杖点一定要掌握准确，否则，影响制品的外形。擀制时用力要均匀，动作要迅速、干脆、利落。因为饼面团较软，饼片用力要轻，动作要快，否则，影响形状。较小的饼如烧饼、小酥饼等，一般使用短面杖，擀时面杖让过饼边约7mm左右向前推擀，擀至离饼边约7mm左右时停杖，然后把饼片横过来，再如此推擀，一般擀两杖即可。擀时只需要向前推，不能向后拉，如擀制包馅的饼片，要注意不要擀破皮子，以免露出馅心。

四、按

按是用手掌把面剂按扁。一般适用于酥皮类、酵面、软面品种及包馅面点。用于制皮的按法，主要是适用于那些皮坯较厚，不宜用面杖擀的皮子。按时用左手掌跟沿面剂1/3处向前推按，而后用食指一下三指搭住面剂的边缘向里带回，并使其转动，这样推进、带回，反复3~4次，就可制成中间厚、四边薄的厚皮。这里主要应掌握面剂的自然转动，利用掌跟向前推进，手和指向里带回，互相配合使用，而不是靠手腕强行扭动。

先包捏后成型的按法，主要适用于那些皮馅皆软，不能用杖擀制的饼片。如馅饼就是在包馅之后，再按成型的。按时只需用两手大拇指以外的手指将包馅的生坯按平，要求按得薄厚均匀、大小相等、圆整。不露馅、不破皮。

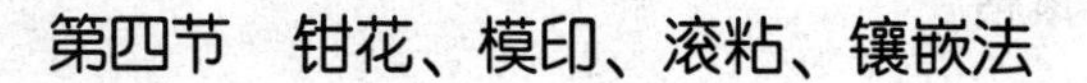

第四节　钳花、模印、滚粘、镶嵌法

一、钳花

钳花是使用钳花工具，在制成品的生坯上钳花，形成多种多样的花色品种，其作用主要为美化制品，使原来的普通形态变成美观的花色品种，其他成型法制品也往往运用这种方法加工美化。这种方法适用于制作发酵面团制品及米粉面团制品，如梅花包、荷花包、花色船点等。

二、模印

模印是用模具印制成品（或成品生坯）的一种成型方法。模具是面点制作不可缺少的工具。它不仅用于较干硬的面团，对较软、稀软的面团也适用，用此法成型，成品规格一致，品种繁多。这种成型法在中式点心中使用很广。

模具制品分包馅和不包馅两种类型。不包馅的品种一般是在面团没加入适量的油、糖、鸡蛋等类原料，再搓圆放入（倒入）印模内压平倒出即成。包馅的品种则是比不包馅品种多一道工序，别的都相同。用此法成型，应注意以下两点。

（一）根据模具的大小，决定制作生坯的大小，按入模具后大小相应，否则，生坯小，制品保持不了模型的原形，生坯过大，又会有未被印制的剩余部分，影响成品的美观。

（二）生坯装入模具后要按实，这样才能使花纹图案清晰。为防止粘底，可在模具里撒少量干面。如制作水蒸蛋糕则是把调好的面浆倒入木制方格内推平，然后熟制，取下模具即可。为防止粘破表皮，可在格内抹点油或垫上油纸。

三、滚粘

滚粘又称摇元宵，是上馅、成型同时进行的一种方法。先把馅料切成小块，洒水润湿，放入盛糯米粉的簸箕中，双手拿簸箕摇晃，使馅心在粉中滚动，均匀粘上一层粉，再洒水，继续摇晃，这样反复多次，像滚雪球一样，越滚越大。此外还有的制品先做成圆形的生坯，然后滚粘的辅助原料，但这些品种滚粘的原料较少，一般滚一次即成，如珍珠圆子、麻团、开口笑等。

四、镶嵌

镶嵌，分直接和间接两种。直接镶嵌法是在制品制好后，在其表面镶上花纹图案，它又可分生熟两种。如船点的各种鸟兽的眼睛是生时镶上的，而凉糕、芙蓉糕等是熟后镶上的。间接镶嵌法时吧各种配料和粉料拌和在一起制成成品后，表面露出配料，如百果年糕、夹沙糕、八宝饭等成品的制作。镶嵌成型法的主要作用是增加制品口味和美化制品。

上述成型法是较常用的一些基本方法，虽然对这些方法进行了单独论述，但实际操作中有很多品种要连续使用几种方法，而且上述几种基本方法中又有很多不同的做法。所以初学者应首先掌握上述成型方法，并在实际工作中不断摸索，才能触类旁通，操作自如，使制品形状美观。

第六章　小吃常用的调味品

一、副食类调味品

1. 精盐

是咸味的主要来源，是小吃中不可缺少的调味品，如饼、面条、面臊，调料中盐不可缺少，但使用时应根据时令变化和食者的口味酌情用量，做到咸淡适宜。

2. 白糖

甜味的主要来源，小吃中的甜品，如蛋糕、汤羹、甜馅心等均不可少，此外，一些小吃还可以用之调味，如面条、凉粉。

3. 冰糖

用法与白糖基本相同。

4. 饴糖

在小吃中应用广泛，主要是作为面点及糕点的辅料，以及做油炸类和糖粘类小吃菜肴时使用。

5. 蜂糖

在小吃中运用一些特殊品种，以增加风味，如桃脯、冰汁柚等。

6. 豆瓣

即豆瓣酱，著名的有四川郫县豆瓣酱，具有香鲜醇厚，味辣不燥，色泽红亮的特点，在小吃中也运用广泛，如小笼蒸牛肉、红汤牛肉等，以增加其滋味。

7. 酱油

在小吃中应用广泛，如菜肴类、面条类等，但酱油不宜长时间加热，否则，会失去鲜香味。

8. 豆豉（chǐ）

用黄豆、精盐、香料等为原料，经过发酵酿制而成。在小吃中多用于一些特殊品种。

9. 醋

以米醋、熏醋为主，是酸味的主要来源。在小吃中运用广泛，面条、汤羹、拌菜等小吃均可运用，但用量要适合。

10. 甜酱

又名面酱、甜面酱。主要由面粉、精盐等发酵酿制而成。可与白糖、味精、香油调和均匀，供蘸食用。小吃中可用于拌馅心，如火腿鲜肉包子的肉馅加工。

11. 干红辣椒

干红辣椒是鲜红辣椒经过日晒脱水之后的干制品，为辣椒的主要来源。具有味辣、味香，色红的特点，在小吃中运用广泛。如棒棒鸡、麻辣烫等。

12. 辣椒面

干红辣椒经碾后的细末，称辣椒面。是红油辣椒面的主要原料。辣椒面加入可使食品味道香辣、色泽红亮。在小吃中运用广泛，如夫妻肺片、红汤牛肉、茶油、熏牛肉等。

13. 花椒

为麻味的调味品。单用或制成花椒粉用。在小吃中运用较多。抄手、水饺调味、肉类、卤制品的制作、花卷、酥饼的制作，均有花椒的调味。

14. 味精

在小吃中运用广泛，菜类、面臊、馅心等均需放入，有和味提鲜的作用。

15. 胡椒

有黑胡椒还白胡椒和黑胡椒 2 种，以白胡椒为好。小吃中的菜品、馅心入，多用于咸鲜味、清香味等。

16. 蜜饯果脯

在小吃中主要用于糕点、面包、甜馅等，起调味、增色、增香的作用。

二、蔬菜类调味品

1. 葱

在小吃中面条、面臊、菜品、肉馅等均可运用。一些面点，如葱油饼、大饼等也用之调味，用增香、提鲜、除异味、解腻的作用。

2. 姜

用于小吃中的菜肴、馅心面臊等的调味，作用与葱相似。姜还做味碟，供蘸食。

3. 大蒜

同姜、葱作用相似。本身单独也可制作小吃菜品。

另外，还有蒜苗、香菜、香椿等，都可以用于小吃中的原料调味。

三、香料类调味品

主要有八角、山柰、桂皮、小茴香、草果、陈皮、砂仁等，多用于小吃中的卤制品调味，以及腌、泡、炸等食品的调味。

四、油脂类调味品

1. 香油

又名芝麻油、麻油。用于小吃中的炸、卤、煎等菜肴，一些凉菜的调味及面条、面臊等也用。

2. 芝麻

在小吃中用于酥饼、元宵馅心、凉菜等的调味。如芝麻饼、汤圆、芝麻牛肉等。

3. 芝麻酱

是芝麻炒香磨制而成的。用于小吃中的凉菜、甜品、甜馅心的制作。

4. 鸡油

用母鸡油，切颗粒入笼蒸化而成。用于馅心、面条的调制。

5. 花椒油

用上等花椒与炼熟的菜籽油烫制而成。用于小吃中的菜品或唯碟，如花椒泥鳅等。

五、酒类调味品

1. 料酒

料酒主要是绍兴黄酒，黄酒的调味作用主要为去腥、增香，增加菜肴的香气，有利于咸、甜等各种味道充分渗入菜肴中，料酒之所以能起到这种作用，一是因为酒类中乙醇具有挥发作用，能使肉类中有腥膻味道的蛋白和胺类挥发掉，在去除腥膻味道的同时，还不会破坏肉类中的蛋白质和脂类。二是因为黄酒中含有较多的糖分和氨基酸，它们能够起到增香、提味的作用，用于菜肴制作，面点小吃中的面臊、馅心、炸品的提味。

2. 曲酒

曲酒又名白酒，一般用于小吃中的卤菜。油炸品的调味，馅料的拌和等。

3. 酒酿

酒酿又称甜白药酒、甜酒酿，可用于小吃中炸、蒸菜品的制作调味，也可直接用于制作小吃，如“酒酿圆子”“酒酿炖鸡蛋”。

4. 香糟

香糟同料酒一样，具有增香作用，也可用于小吃制作，如糟蛋、香糟鸡。

六、合成类调味品

1. 柠檬酸

通常使用量0.1%～1%，一般在小吃中的果冻、果羹、糖霜中使用，加入之后，可增强果酸风味，使汤羹、糖霜色泽洁白。

2. 食用香精

可分为水溶、油溶、乳化及固体四大类。有橘子、柠檬、香蕉、苹果、杨梅、杏仁等几十种。用于小吃中的甜味类果冻、羹汤、泥类等，特别是用于小吃中各种糖馅的调味。

七、复合调味品

复制调味品，指用两种以上单一或复合调味品，与其他原料经过加工而成的调味品，在小吃中的凉菜、面食、味碟中应用广泛。

1. 辣椒油

辣椒油又称红辣椒油、红油、红油辣椒等。是小吃必备的复制调味品，具有色泽红亮、味道香辣的特点。

2. 复制酱油

复制酱油又称复制红酱油，呈棕红色，汁稠、咸甜鲜美、醇香味浓。

3. 芥末糊

芥末糊呈浅红黄色，为半流体的稀糊状态，具有辛香而冲鼻的特殊气味为好。

4. 咖喱油

咖喱油用咖喱粉经加工而成。

5. 椒盐

椒盐由花椒、盐等制作成，有咸鲜香麻味，常用于小吃中凉菜的调味。

6. 椒麻糊

椒麻糊为椒麻味的主要调料，具有葱花与花椒的香辛麻味，常用于小吃中凉菜的调味。

7. 油酥豆瓣

油酥豆瓣具有色泽红亮，香辣浓厚，辣而不烈的特点。常用于凉拌菜肴和味碟的调味。

8. 甜酸柠檬汁

甜酸柠檬汁具有无色透明，甜酸清爽的特点，常用于凉菜的调味。

第七章　制馅操作

制馅是制作面点制品的一个重要工艺过程。馅心的好坏，种类的多少，不仅与增加面点品种有密切的关系，而且对制品的质、味、色、形也有很大的影响。

一、馅心的特点和作用

（一）馅心的特点及要求

1. 种类较多，各有特色

我国面点制品的馅心种类较多，按原料可分为荤馅、素馅，按口味可分为甜馅、咸馅、咸甜馅等，各地又有各地的风味和特点。

2. 用料讲究，主配择优

馅心的选料非常讲究，无论荤，素馅或甜，咸馅，所用主料、配料一般都应用最好的料。如猪肉应选择夹心肉，鸡肉应选鸡脯肉等。

3. 原料广泛，荤素皆宜

面点馅心的原料取材广泛。一般家禽、家畜和山禽、野兽等肉品及鲜鱼、虾、蟹、贝、参等水产品，杂粮、蔬菜、水果、干果、蜜饯等都可用于制馅。

4. 调味清淡，注意口感

在调制馅心时，不论生馅或熟馅，都应把味调得较一般菜肴稍淡一些。因为馅心包入坯料后，还要经过成熟加热处理，这样在成熟过程中还会减少一部分水分而使馅心的卤汁咸味相对增加；另一方面，因面点制品的大部分都是皮薄馅多，以吃馅为主，所以调味应清淡些。

5. 制馅精细，顾及外形

无论调制哪种馅心，一般都要将原料切成茸、末；即使三鲜馅、萝卜丝馅、鸡肉馅等所切成的丁、丝、块也都要切成小料，不能过大。这是由于面点的坯料，都是用粮食粉料做的，性质非常柔软，如馅心料过大，影响成型、包捏和熟制。

6. 熟馅着腻，保持鲜美

调制熟馅都要着腻。着腻就是加入少量淀粉进行勾芡使熟馅粘在一起。很多原料的特点是水分大，在熟调过程中要溢出一部分水分。着腻可以是一定量得水分被淀粉颗粒吸收，增加馅心卤汁浓度和黏性，是卤汁与原料结合，达到鲜美入味，并且可保持原料鲜嫩的特点。如果馅心水分过多，在包馅成型时不易操作，而且在熟制过程中还会产生露馅，穿底走油等现象。

(二) 馅心的作用

馅心对面点制品的质、味、香、形、色各方面起着很重要的作用，主要有以下几点。

1. 改善成品口味

凡包馅心的制品，馅料占较大的比重，一般是皮料占 50%，馅心占 50%。有的品种，如烧麦、锅贴、春卷、水饺等，一般馅多于皮料，包馅多的可达 60% ~ 80%。因此，馅心的味道对制品的口味有决定性的作用。

2. 能美化成品的外形

馅心的调制与制品的成型有着密切的关系。有些制品，由于馅料的装饰，可是形态优美。如花色饺子，在生坯做成后，需要在包馅的空隙内镶以各种馅心，使成品丰富多彩。

3. 形成制品的特色

各种品种的特色与所用坯料及成型加工和熟制方法等有关，

但所用馅心往往也起决定性的作用。如汤包的特色是吃时先吸一口汤；水饺、蒸饺的特色是皮薄、馅足、卤汁多；水晶包的特色是肥、油、甜、白亮等。这些特点的形成，多数取决于馅心，至于各地的特殊风味面点，也多是由于馅心的配料和制法等不同形成的。如扬州的小笼馒头，传统用皮冻作配料，因此，形成扬州的小笼馒头、小笼汤包的特有风味。

4. 可以增加花色品种

各种制品之所以能品种繁多，除了成型方法，熟制方法等作用外，还在与馅心的制作。由于馅心的用料广泛，所以制成的馅心多种多样，从而增加了面点的花色品种。如包子可分为菜肉包、鸡肉包。豆沙包、枣泥包、水晶包等。

二、咸馅心的制作

咸馅是最普通的一种馅心。咸馅的用料广泛，种类多样。常用的有菜馅、肉馅、菜肉混合馅等三种。菜馅是只用蔬菜，不用荤腥，加适当的调味品制成的，可分为生熟两类。生菜馅多用新鲜蔬菜为原料，口味要求鲜嫩、爽口、味美。蔬菜馅多用干制蔬菜和粉丝豆制品制成。干制蔬菜作为馅心原料，口味要求鲜嫩柔软。肉馅是以家畜、家禽肉、水产品为主，加入调味品调制而成的，分为生熟两种。生肉馅是在制馅过程中要加汤（掺冻），特点是柔嫩、鲜美、多卤。熟肉馅是由多种烹调方法烹制而成的，特色是味鲜油重、卤汁少、爽口，适用于花色点心和油酥制品。

（一）生菜馅

生菜馅是将新鲜蔬菜经摘洗加工后，直接把生料加工成小料，经过腌、渍、拌制成的馅心。其主要特色是保持原料固有的香味和营养成分，如韭菜馅、萝卜馅等。制作时应注意以下几点。

（1）要去掉影响馅心的不良气味。

（2）要切成小料，如泥茸、末、丝、丁。

（3）减少水分，可以把多余的水分挤出，也可以加入干菜（如粉条可以吸收水分）。

（4）增加菜馅的黏性，通常可加入油脂、面酱、鸡蛋等。

（二）蔬菜馅

蔬菜馅用的原料和操作方法与生菜馅不同。蔬菜馅以干制才为主，如黄花菜、笋尖、蘑菇、木耳、粉条、豆制品等，有的也加入一些新鲜蔬菜，但比重很小。在制作方法上，都要经过初步熟处理，煸炒烹调，才能成为馅料。这是因为所用的是干菜原料，若不先烹制成熟，则在成品熟制时馅心不易成熟，也达不到鲜嫩油肥的要求。

（三）生肉馅

生肉馅用料广泛，但一般以畜类的肉为主，配以其他肉类、调味品，形成多种馅心。如鲜肉馅加虾肉成为虾肉馅，加入鸡肉丁成为鸡肉馅，加入蟹肉成为蟹肉馅等。生肉馅要求以鲜嫩、肥美、多卤为主，这与选料、调配、调味都有很大的关系。

1. 选料与加工

肉馅在选料上必须适当，如猪肉，最好选用夹心肉，此肉瘦里夹肥，肉质细嫩，掺水量高，制出的馅心卤汁多；鸡、鸭肉则多用其脯肉。加工是肉要剁得很细。

2. 调味

调味是为了使馅料达到口味鲜美，咸淡适宜的目的。调味品要使用准确、不能乱用，要达到“五味调和”，不能有异味、怪味。

3. 加水

加水，是肉馅鲜嫩、卤汁多。水少不黏，也无卤汁；水多则澥，也不符合要求。加水应视肉的肥瘦质量而定。如夹心肉掺水量较多，一般猪肉次之。加水的先后次序也很重要。加水必须在

加调味品时候进行，否则调味不但不能渗透入味，而且搅拌的肉馅也不黏，水也吸收不进去，制成的肉馅就不鲜嫩，也不入味。加水搅拌时，应先把肉摊开，然后把肉用力向一个方向搅，搅到肉质起黏性为止。加水量最好分几次加入，这样可使吸水量增加，卤汁较多。

4. 掺"冻"

"冻"也叫皮冻，也叫皮汤。它的作用是使馅料成为稠黏状，便于包捏成型，加热后皮冻溶解，使馅心增加卤汁，味道鲜美。馅心中加冻量，应根据皮坯的性质而定。组织紧密的皮坯，如用水调面团或嫩酵面做坯皮时，掺冻量可多一些，用大酵面做坯皮时，掺冻量可少一些。一般每500g肉馅掺冻300g左右。

(四) 熟肉馅

主要有两种制作方法：一是将生料剁成泥，加调料炒熟热拌和而成；另一种方法是用烹调好的熟料切丁、切末加以调拌而成的，如春卷、花色饺所用的馅心以及叉烧馅等。

(五) 菜肉馅

菜肉馅是将一部分蔬菜与一部分肉类经过加工，调味拌制而成的。菜肉馅不仅在口味上的配合比较适宜，而且在水分、黏性、脂肪含量等方面也适合于制馅要求，因此，使用较为广泛。菜肉馅也可分为生熟两类，一般以用生馅较多。生馅的制法时在拌肉馅的基本上，再将经过加工的蔬菜掺入肉馅中拌匀而成的。熟馅一般是将主料经过烹调，再加入经过加工的蔬菜，这种馅可缩短熟制时间，使蔬菜保持色泽，具有质地嫩脆的特点。

(六) 三鲜馅

三鲜馅是咸馅的一种。它是用三种较高档得原料，经过加工，配以四季蔬菜，加上调味品制成的。它可分为净三鲜、肉三鲜、半三鲜3种。

三、甜馅制作法

甜馅也是一种重要馅心。各地的甜馅，在原料制法、花色、口味、配料等方面，都有所不同。甜馅一般以糖为基础原料，再加上各种果实、果仁、豆类、蜜饯、油脂等，形成各种别致的风味。甜馅按制作特点，可分为泥茸馅、果仁蜜饯馅、糖馅三大类。

（一）泥茸馅

泥茸馅是以植物的果实或种子等为原料，加工成泥茸状，再用糖油炒制而成，其特点是细软而带有果实的香味。通常使用的有豆沙、枣泥、薯泥、豆茸、莲茸等。泥与茸的制作方法基本相同，泥比茸的质地稍粗。

（二）果仁蜜饯馅

将炒熟的果仁和切成细粒的蜜饯与白糖拌和的甜馅叫果仁蜜饯馅。常用的果仁有瓜子、桃仁、核桃仁、杏仁、芝麻等。蜜饯主要有青丝、红丝、桂花、冬瓜条、葡萄干、桃脯、杏脯、蜜枣等。果仁蜜饯馅的特点是松爽香甜，并有各种果料的特殊风味。

（三）糖馅

以绵白糖、白砂糖等为主料，加其他辅料拌和而成的甜馅称为糖馅。糖馅一般均用熟面粉一起拌制，其作用便于缓慢溶化，防止穿底，所以，加面粉是一个关键性问题。制馅时，常常用糖与猪油拌和，糖的表面受油脂的包围，油脂传热快，加入面粉后，面粉导热性差可间接使糖逐步溶化。如果不加面粉，糖便会猛烈直接受热，突然溶化而急剧膨胀，使成品爆裂露馅。糖馅的质量要求是甜味适宜、香甜可口。

四、包馅的比例与要求

（一）轻馅品种的包馅比例

使用轻馅，大都是由于其皮料有显著特色或其馅料具有浓郁香甜等滋味，因而不宜多包馅料，放多了不仅破坏口味，而且容易穿底。这些品种的馅心所占比例一般为10%～40%。例如开花包子馅与皮的比例为3：10，水晶包子馅与皮的比例为4：10，小笼包馅心与皮子的比例为10：5。

（二）重馅品种的包馅比例

使用重馅的面点大都是馅料有显著特点，皮子有很好的伸缩性。其馅心所占比例一般为60%～80%。如春卷皮重19g，馅心一般多为熟制白菜心（或冬笋）、韭黄、肉丝等。又如馅饼皮重20g，馅重40g馅心一般用料为鲜猪肉、牛羊肉等；烧麦馅分鲜肉、糯米菜肉两种，糯米菜肉烧麦皮重15g，馅重35g左右。

（三）半皮半馅品种

半皮半馅品种，其馅心皮料各具特色，一般比例为8：10～10：10。如大肉包，皮重70g，馅重50g，馅心用料有鲜肉、蔬菜等；玫瑰汤圆，皮重25g，馅重15g；萝卜丝饼，皮重30g，馅重25g。

第八章　熟制操作

第一节　熟制的重要性

熟制操作时面点制作的最后一道工序，它是在加工成型的半成品的基础上，通过一定形式的加热，使其成为熟食品的过程。它与制品的色、香、味、形有直接关系。成型后的形态，馅心入味与否、色泽美观与否等都要通过熟制的过程才能最后确定。熟制掌握不好就会前功尽弃。

一、熟制对面点质量的影响

面点的质量在一定程度上取决于面团的性质和各种原料之间的相互作用。如果熟制技术掌握不好，各种辅料之间的配合受到破坏，成品也达不到应有的质量标准。如发酵的面点，会因蒸制不当而不松软；质地要酥脆的面点，会因炸制不当，而粘牙或发硬等。

二、熟制对面点颜色的影响

面点成品的色泽一方面取决于原料本身颜色和辅料的影响，另一方面也取决于熟制技术。例如成品要求洁白的酥皮，若烤制是炉温掌握不当、翻动技术不佳，就会变成黄色或焦黑色。有些面点，通过熟制则可以改变原料本身的颜色，使之符合制作要求。如陕西的红油糕，就是通过炸制时热油的作用，使白色的生

坯变成深红颜色的。

三、熟制对面点口味的影响

通过不同的熟制技术，可以充分地发挥各种原料本身特有的味道，特别是生馅心能否显出风味，主要决定于熟制技术。熟制火候适当，加热时间适宜，馅心就鲜美味香；而欠火的馅心，就没有鲜味，甚至产生其他异味；过火的馅心，会因为皮破裂流失卤汁或被水分侵入，不能保持馅心的原味。不仅如此，恰当的熟制还可以增加营养价值。

四、熟制对面点香气的影响

面点制品的香气是通过熟制才能散发出来的，如烤制产生的焦香，炸制产生的油香，蒸制产生的面香。

五、熟制对面点形态的影响

熟制技术掌握得好，会最大限度地保持制品生坯的形状，有的面点则更能突出其逼真的形象，如水晶菊花酥、莲花酥等。如果熟制技术掌握不好，则会破坏制品原有的形态，如包子露馅、掉底，麻花不直、色重、不酥、酥品浸油、碎散等。

总之，熟制对面点的质地、香气、口味、色泽、外形都有不同程度的影响，所以，熟制时面点制作的重要环节。

第二节　蒸、煮法

一、蒸

蒸是将加工成型的生坯，放入笼屉、蒸锅或蒸箱内，用蒸汽所传导的热量熟制面点的一种方法。一般用于酵面制品、烫面制品及各种米糕制品，如馒头、花卷、烫面蒸饺、烧麦、江米凉糕、粉桃、寿点、三色蛋糕等。使用蒸的熟制方法，可使成品松软，饱满，并形成光滑的外皮（指酵面制品而言）、形态保持不变（这对花色品种尤其具有重要的意义）而且还能保持卤汁馅心鲜美。

（一）蒸制成熟的原理

制品上笼，淀粉受热开始膨胀糊化。在糊化的过程中，吸收水分成黏稠胶体，下笼后温度下降，就冷凝为冷凝胶体，是制品有光滑的表面。蛋白质在加热过程中也发生变化，蛋白质在受热时首先变性凝固，并排除了其中的“结合水”，随着温度的升高，时间的延长，变化越大，直至蛋白质全部变性凝固（即成熟）。化学膨松面团制品，其内部存在气体或因加热而产生的气体，使生坯中的面筋网络产生大量的气泡，成为多孔结构，成为有弹性而又蓬松的成品。

（二）蒸制面点时应注意的问题

1. 掌握火力

无论发酵面团制品，还是其他面团制品，生坯上笼时，要求火大、气足，必须待水沸腾后再将制品生坯上蒸笼，便于成品成型。如奶油开花包、开花馒头更应注意。锅中水要适当，否则，水少锅易干，水多沸水易将生坯冲烂。

2. 蒸笼的笼盖要盖严

制品进笼蒸制时，笼盖必须盖好，盖紧，周围围上湿布，防止漏气，中途不能打开盖，蒸制过程中火力不能减弱，气不能减少，做到一次蒸熟蒸透。

3. 蒸笼蒸制时间

应以制品的大小，是否包有馅心，馅心时生的还是熟的等情况灵活掌握。如蒸制 100g 一个的馒头约需 40min 左右，50g 一个花卷约需 20min。总之要蒸透，但要恰当地掌握时间。时间过

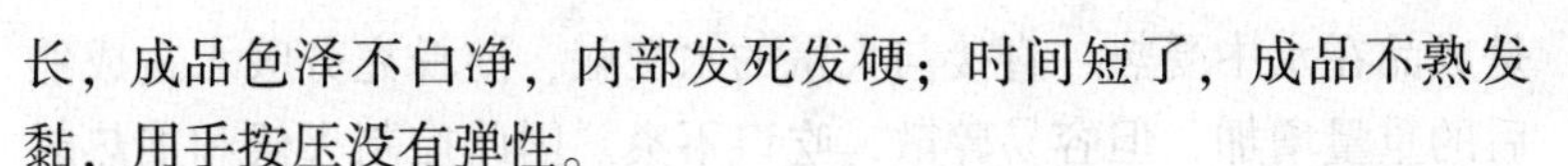

长，成品色泽不白净，内部发死发硬；时间短了，成品不熟发黏，用手按压没有弹性。

4. 掌握蒸汽的使用

一般在开始时开汽小一点（特别是包馅的和面松软的蛋糕类），让管道中的水分流尽。然后根据制品的性质，调节好汽的大小和时间。面点制品繁多，各种制品要求汽的大小不同，如开花馒头需要大火汽足，然后转中火，也有的制品在蒸制时中途需掀开盖放气2~3次，如银丝卷、三色蛋糕。

5. 饧发面点

有的发酵面团制品，如千层油糕、机器揉出的馒头等，蒸前要饧一定的时间，叫饧发面点，这样蒸出的制品松软，色白。热天饧的时间稍短，冷天稍长。如机器馒头，夏天约需10min左右，冬天需要30min左右。

6. 生熟程度的鉴别

将制品用手按一下，有弹性，能鼓起复原，有制品的固有香味，成品显得光亮，就说明制品已成熟。制品无面香味，表面潮湿、黏手、不干爽、无弹性，则没有完全成熟。

（三）蒸制技术的特点

蒸制法时利用蒸制传热熟制的，其温度可达150℃，高于煮制法，低于炸烤法。用酵面做成品，成品膨松、体大、有柔软光亮的外皮；如用水面做生坯，蒸得成品柔软不带外皮。

二、煮

煮是把成型的生坯，投入大锅中利用水受热后产生的对流作用传导热量，使成品成熟，其成熟原理与蒸制相同。煮制法适用于冷水面和生分团类制品，如面条、水饺、馄饨、汤圆等。煮制法有两个显著的特点：一是水温度为100℃，是各种熟制法中温度最低的一种，用这种方法加热时间较长，成熟较慢；另一特点是成品在水中受热，直接与大量的水接触，淀粉充分吸水，成熟后的重量增加，但容易碎散，吃口不爽。因此控制火候和加热时间都是很重要的。煮制时，需要注意以下几点。

（一）水量要多

水量多，行话称为“水宽”。在这种条件下，生料在锅中不会互相碰撞粘连，而且受热均匀，清爽利落，汤也不易变浑，但水太多费火，所以要根据煮制数量适当掌握。

（二）沸水下锅

淀粉和蛋白质在水温65℃以上才吸水膨胀和产生热变性，所以，只有在水开之后下锅，制品溶解在水中的淀粉才比较少，不会浑汤，成熟后也不粘牙。

（三）分散下锅

生坯一次分散下锅，要稍加搅动，防止堆在一起受热不匀、互相粘连或粘住锅底、锅边，下锅数量要适量。

（四）盖锅盖及搅动

制品下锅后要盖上锅盖，这样水沸得快，可防止粘连和粘底。烧开后揭盖，用勺不断搅动，使之受热均匀。

（五）保持水沸不腾

即水面自始至终都要“沸”，不沸成品不易成熟，还容易烂。但不能大沸腾，否则，水的冲击力太大，容易引起成品破裂，所以，要适当调节火力。

（六）根据不同品种“点水”和控制时间

例如，馄饨皮薄馅少，下锅后一开锅就要捞出，否则会烂糊。水饺皮较厚，馅多，下锅后煮的时间要长一些，这样才能使制品内外熟透，皮香馅鲜。为了防止在熟制时水大沸腾，要点几次冷水，点水的次数多少应和熟制的时间相吻合。

（七）成熟的鉴别

一般是以制品内有无“生花”为准，如煮面条时，可取出

一根掐断，面条内无“白点”，即已成熟；煮水饺时可掐饺子边，如无“白花”表示成熟。

（八）保持水的洁净

连续煮制时，要勤撇浮沫，勤掺水，勤换水，这是保证成品爽口的一个重要条件。

第三节 炸、煎法

炸、煎是用油脂传热的熟制法。油脂能产生高温，用它加热熟制，制品具有香酥、松脆和色泽鲜明、美观等特点。

一、炸

炸是使用大油量传热使制品成熟的一种熟制方法。这种方法有两个特点：一是油量多；二是油温高。炸，一般适用于炸制麻花、油条、春卷、馓子等制品。此外，还有一种氽制法，氽即是用温油熟制，但它与炸有明显的区别。除油温不同外，具体操作方法，使用范围，成品的质感也不同。氽制法一般适用于油酥多层酥制品。

油炸的传热方式主要是热对流。烧热的油将制品包围，而产生热交换，逐渐使成品成熟。炸制时应掌握以下几点：

（一）炸制的时间长短与油温的高低要掌握适当

油温的高低对制品的质量起着重要的影响。火候小、温度低，炸出的成品一般质地软嫩，色泽较淡，耗油量大；反之，大火、热油，往往使制品色泽较深，油温高可使制品外皮迅速焦化。炸制时油温的高低以及时间长短，应根据原料的性质、块形大小、厚薄、受热面剂大小、制品色泽、质地特点等因素灵活掌握。如色泽要求洁白的菊花酥、海参酥等，炸制时需要较低的温度；色泽要求较深的麻花、红油糕、油条等就需要较高的油温。

凡制品较小、较薄或受热面剂较小。炸制的时间就应较短一些。反之，块形较大、较厚、受热面积较小，炸制的时间就应较长一些。有些制品，如开口笑，为使制品入口酥脆，炸熟后仍需多炸1~2min。

(二) 掌握好炸制时油和生坯的比例

一般情况下用5∶1的比例（即5kg油1kg生坯）为宜。炸制时油和生坯的比例，主要应根据生产量大小和火源强弱而变动。

(三) 要使制品受热均匀

生坯下锅后，往往因数量较多而互相拥挤，使制品受热不均匀。所以，制品下锅后，应根据制品的不同，及时翻动推搅，使其不互相粘连，受热均匀。

(四) 注意选择炸制用油

炸制时用油应根据制品颜色要求而定。例如，制品要求颜色洁白用白净的猪油；制品要求色泽金黄，则可选用豆油或菜籽油等。

(五) 注意油质的清洁

油质不洁，影响热传导或污染制品，不易成熟，色泽变差。如用植物油一定要先炼熟，才能用于炸制。否则会带有生油味，影响制品风味质量，还会产生大量的泡沫，使热油溢出锅外，发生火灾或造成人身事故。

二、煎

煎，是通过热锅和少量的油或水传热使制品成熟的方法。

煎锅多为平底形的煎盘或大平锅。其用油或水量多少根据制品的要求而定，一般以平铺满底为宜，个别品种需油较多，但也不宜超过所煎制品厚度的50%。

煎，有油煎和水煎两种方法。油煎多用于饼类，如酥饼、油

丝饼等。成品两面金黄、口味香脆。水煎是在油煎的同时，再加少量清水，利用部分蒸汽传热使制品成熟，如生煎包子。煎饺子等，其成品底部焦黄，上部柔软而油色鲜明，煎制时一般注意以下几点。

（一）掌握火候及油温

一般油温应保持在 100～150℃。油温过高易使制品煎煳，影响口味，过低则煎制时间较长，不易成熟。

（二）掌握浇水的比例

根据不同面点品种，浇水的数量也不相同。如水煎包，浇水的深度应视水煎包的1/3，而锅烙（烙制法的一种将在烙的技术中详讲），浇水的深度应是制品的 1/5，浇水量过多，会使制品泡软；水量过少，制品不易熟透。

（三）水煎时盖严锅盖

在煎制成品时，油煎一般不盖锅盖，水煎必须把锅盖盖严。用水煎的过程属于半蒸半烙，如果锅盖不严水的热气跑掉，制品易形成底部糊上部生，影响质量。

第四节　烤、烙法

一、烤

烤，是指把制作成型的生坯放入烤炉内，通过加热过程中的辐射、对流、传导三方面的作用，是制品定性、上色、成熟。辐射，是热源直接辐射给面点；对流，是炉内的空气受热产生对流，使面点吸收热量；传导是通过装面点的铁盘或模子受热，再把热传给面点。上述 3 种方式在面点的烤制过程中式混合进行的。

烤制的主要特点是温度高、热量均匀，烤制的面点具有色泽鲜明、形态美观。口味较香，外酥脆、内松软或内外绵软、富有弹性等特点。一般烤炉的炉温都在200～250℃，最高达300℃。当生坯放入炉内受到高温的包围烘烤，淀粉或蛋白质立即发生物理、化学变化，制品受到高温（一般约为150～200℃），所含水分迅速蒸发，淀粉变成糊精，并发生焦糖化反应，形成光亮的金黄色泽和香脆的外壳；制品内部因不直接接触高温，受高温的影响小。根据实验，制品表面受到250℃以上高温时，制品内部温度始终不超过100℃，一般均在95℃左右，加上制品内部有无数的气泡，热传导较慢，水分蒸发不大，并使淀粉糊化和蛋白质凝固，发生水分再分配的作用，形成了制品松软而又弹性等特点。

目前烤制面点制品，基本上都用电烤箱加热。烤制时应注意以下几点。

根据被烤面点的风味特点控制烤箱内的温度。烤制白皮点心，烤箱里温度应控制在150℃。烤制上色面点，烤箱内温度控制在250℃左右。温度过高过低都会影响制品质量，烤箱内温度过高外壳容易焦煳；过低既不能形成光亮金黄外壳，也不能使成平成熟。在调节烤箱内温度时，大多数品种都要采取“先高后低”的调节方法，即刚入烤箱内，烤箱内的温度要高，使制品表面达到上色的目的。外壳上色后，就要降低温度，使制品内部慢慢成熟，达到内外一致成熟的目的。但有的也采用“先低、后高、再低”的方法。此外，还应根据面点不同特点，灵活调节烤箱内上下火的温度。有的只使用中火，有的只让底火大，面火小等等。如烤制白皮面点，上火应使用小火，下火应使用中火。烤制烧饼面点，上下均使用大火。烤制表面（皮）油润、富有光泽的面点，上下火均应使用中火。

二、烙

烙，是把成型的面点生坯放入烧热的平锅中，利用金属传导

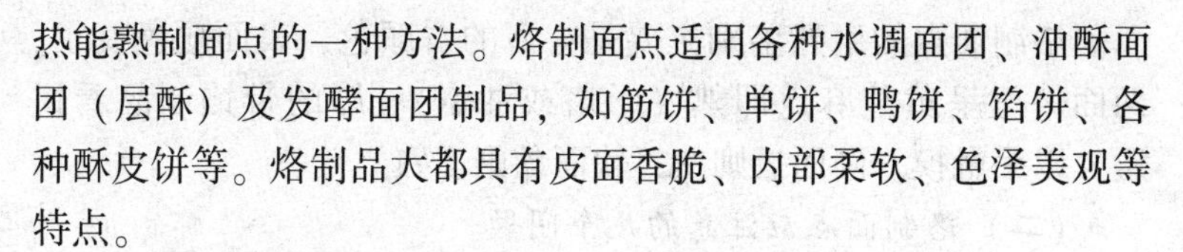

热能熟制面点的一种方法。烙制面点适用各种水调面团、油酥面团（层酥）及发酵面团制品，如筋饼、单饼、鸭饼、馅饼、各种酥皮饼等。烙制品大都具有皮面香脆、内部柔软、色泽美观等特点。

（一）烙的种类

1. 干烙

干烙是将成型的生坯直接放在平锅内或铁锅上烙制。在操作时既不刷油。又不洒水，直接烙熟。

由于干烙是直接利用金属传热使制品成熟的，一般火力不宜太旺。火旺则使饼面焦煳，内部不熟，成品既不香脆又不美观。但是，各种面团性质不同，火力也不相同。如烫面制品火力可旺些，时间可短写。冷温水面制品，火力要低一些，时间可以稍长。另外，火力还与时间掌握和制品是否包馅。饼片厚薄、成品颜色的要求有关。饼色要求白的、包馅的、饼片厚的，火力略小，时间稍长。

2. 油烙

油烙一般多用于冷水面的制品。油烙时先在锅底涂少量油，待油热时将饼片下锅。锅底涂油，既可防止粘锅焦煳，又可加速成熟，是制品产生香气，增加色泽。制品熟制时，每翻动一次可以在锅底刷油，也可以在制品表面擦油，无论刷在锅底或制品表面，都要刷得均匀。刷油时药用清洁熟油，才能保持制品无怪味，而且表面香脆、内部柔软、富有弹性。

3. 水烙

水烙是用蒸汽和锅联合传热的熟制法。从制法上来看，和水油煎相似。水烙是在干烙的基础上进行，但只烙一面，即把一面烙成金黄即可，然后锅内加少量的水，利用蒸汽传热作用，使制品完全成熟。水烙必须盖上锅盖，不使蒸汽外散，一般不必翻动。烙好的制品一面金黄，一面柔软，别具特色。

烙制面点的生熟鉴别主要是：薄的看颜色，表面颜色变了，两面烙至呈黄芝麻点即熟（干烙或油烙）。厚的带馅制品看饼边，以手触摸。硬而挺则熟，软而黏则不熟。

（二）烙制面点应注意的几个问题

1. 炉内火要均匀

烙制面点采用电炉、煤气炉最好，炉火要均匀，平锅四周与中心的温度相同，烙制面点的色泽一致。如使用烧煤的炉子，最好烧无烟煤，火稳、污染小，平锅热度变化也小。如炉火不均匀，应转动平锅，调节温度，使面点制品受热均匀，避免外糊里生。

2. 翻动应及时

烙制面点是应根据面点的厚薄及时翻动，要使两面烙制的时间相同，色泽一致。在炉火温度正常的情况下，较薄的饼片烙制的时间稍短，较厚的饼片烙制的时间稍长，一般的饼片应每面烙两次。

3. 用油量要适当

烙制面点要根据品种的特点决定用油量得多少，如烙制馅饼，家常饼用油量应多一些，而烙制春饼、单饼用油量应少一些。

4. 水烙时洒水要少

水烙制品应洒水是洒在锅的最热的地方，每次洒水量要少，宁可多洒几次，不可洒的太多，防止烂糊。这样制品底部香脆，上面边缘柔软。

第九章　食物的腐烂变质

任何事物总是不停地变化的，食物的质量也是如此。当食物的质量发生变化到人体有害时，即成为变质的食物。食物从生产加工、运输、销售、贮存到消费食物经过很多环节，每个环节都有发生变质的可能。变质的原因很多，主要是由于食物本身的性质，食物受外界的影响以及两者相互作用，而导致腐败变质，其主要原因有：

一、微生物的作用

微生物的作用是食物变质的一个主要原因，许多食物往往又是微生物的良好培养基。一般情况下食物总要与微生物接触，细菌和酵母菌在适当的条件下，都可在食物中大量繁殖，使食物发生一系列变化。

食物是否容易变质，决定于食物本身的内在因素，即食物组成成分是否适于微生物繁殖，一般微生物在动物性食物中比在植物性食物中容易繁殖，由于食物化学成分的不同，引起腐败变质的微生物的种类也不大同。

二、酶的作用

动植物组织本身含有丰富的酶类。酶在适宜的环境下起催化作用，在初期这是正常现象，而且常常带来一定的好处。例如：鱼、肉等食物由于分解酶引起的僵直、成熟等生化变化，使鱼、肉产生自溶现象，增强食物的风味。但如果不加控制，让其继续发展，则给微生物提供生长繁殖的良好条件，以致引起腐败，植物性食物的腐败变质，多是自身酶的作用，如广柑。

三、化学物质的作用

食物中含有一些不稳定的物质，如色素、芳香族物质、维生素和不饱和脂肪酸等，它们都容易被氧化，引起食物感官性质和营养成分的改变。

四、其他外界因素

其他外界因素有阳光，温、湿度以及不合卫生的食物包装，或不按卫生要求使用药物或化学添加物：糖精、色素、化学防腐剂等，都可以使食物受到对人体有害物质的污染，发生变质。

食物变质以后，食物的感官性状发生变化（例如，肉类腐败），营养价值也随之被破坏（例如，维生素的破坏），甚至会含有对人体有害的物质（例如，铅、砷、农药等）。人们不慎吃下这些食物，会发生中毒或引起其他病症。

第十章 食物的保藏

食物保藏的目的，就是通过各种方法使用食物能经受长时间保存而不变质。

食物保藏的方法很多，其基本方法不外物理的，化学的或生物学的等。主要方法如下：

一、低温保藏

一般原料都采用低温保藏，因为低温（4 ℃）以下可以制止微生物的生长繁殖，同时，能延缓或完全停止其内部组织变化过程。因此，一般原料都可以用这种方法，如冷冻、冷藏等，冷藏的温度要随不同原料而定，如鱼类可以掌握在零度以下，而熟菜就不宜过低。

二、保温保藏

食物经高温处理，可杀灭其中绝大部分微生物，破坏食物中酶类；并结合密闭、真空、冷藏等手段，可以明显地控制食物腐败变质，延长保存时间。细菌、酵母和真菌等各种不同的菌类等各种不同的菌类，对高温的耐受力虽有不同，但是一般来说，繁殖型微生物绝大部分可在60℃左右，30min 内死亡。高温灭菌效果，不仅取决于温度高低，时间长短，而且取决于微生物种类、食物特点和加热方式。例如：湿热效果要比干热好，食物的 pH 值偏低或较高，均可增加对灭菌效果的影响，即微生物污染越严重，杀菌效果越差。因此，在实际工作中，不能放松对微生物污染和传播的防止措施。

三、干燥脱水保藏

用晒干、吹干、烘干等办法，使原料中所含的水分，部分或全部脱水保持一定的干燥状态，微生物在这种干燥的食物中，由于缺乏水分而繁殖困难，即能达到保藏食物的目的。

四、盐腌、酸发酵保藏

盐腌是一种简便的食物保藏放。一般是在食物表面撒上食盐或把食物浸入浓盐水中。食盐有很高的渗透力，可使内部存在的微生物死亡，并可阻止蛋白质分解酶起作用。

五、化学防腐剂保藏法

主要利用一些化学物品，如：苯甲酸、亚硫酸、醋酸等来抑制细菌的生长。此外也可以利用硼酸保存食物。

总之，在选用保藏法时，应根据各种食物的特性以及当时可能达到的条件，应以食物价值（包括感官性状及营养素的含量）受到的影响最少为原则，同时，也应考虑节约开支，尽量采取花钱少，保藏好的方法。

第十一章 调味知识

调味是运用不同调料，使做出的菜肴具有各种口味，是烹饪过程中的重要一环。它直接关系到菜肴的质量和滋味。菜的色形虽好，但味道不好，就会前功尽弃。如果调味得当，就会增加菜的美味，增进人们的食欲。中国有句俗话："烹饪三鲜美，调和五味香"就说明了调味的重要作用。尽管自然界为人类准备的食物味道多种多样，但归结到菜上，可分为两大类：基本味与复合味。

一、基本味

以一种味为主味，使用的调味品也较单一的味。诸如：咸味。梁代名医陶弘景在谈到咸味的作用时说："无为之中，唯此不可却。"可见咸味是味中的主体。一般菜肴皆先入味，再调其他味。例如，糖醋类的菜虽已酸甜味取胜，但如无盐，糖醋效果极差，甚至不堪入口。咸味品主要是盐，其次为酱油、黄酱等。

（一）咸味

咸味调味品种类繁多，大体分为盐、酱油、酱类、豆豉等四大类。腐乳、海干货或其他盐腌渍品都含盐，也属咸味调味品之列。

（二）酸味

去腥解腻，使菜品香气四溢，诱人食欲，并可使实物原料中的钙质分解，达到骨酥肉烂。常用的酸味调味品有各种醋和番茄酱等。

（三）辣味

是基本味中刺激性最强的一种，具有刺激胃口，促进消化的作用。主要调味品有辣椒及其制品和胡椒、生姜、咖喱等。

（四）鲜味

可使菜肴鲜美可口，是人们都喜欢的一种味型。它的来源除食物原料本身所含氨基酸等物质外，调味料有虾子、虾油、蟹子、耗油、味精、料酒、鲜汤等。

（五）香味

香味种类很多，可使菜肴产生各种类型的香气，刺激食欲。并有去腥解腻的作用。香味调料除各种烹调油外，还有桂皮、大料、葱、蒜、小茴香、花椒以及香菜、丁香、桂花、芝麻酱、香糟等。

（六）苦味

苦味用得恰到好处，可使菜肴产生特殊的香鲜滋味，能刺激食欲。因为所用往往是具有苦味的中草药，如陈皮、杏仁、豆蔻、芥末等，所以，对人体还有一定食疗作用。

二、复合味

是两种以上的味组成的味。它是由几种调味品混合使用或采用经特制的复合调味料而形成的。常用复合调味主要有以下几种。

（一）酸甜类

糖醋味、番茄酱味、山楂酱味。

（二）甜咸类

甜面酱等。

（三）咸鲜类

鲜酱油、虾子酱油、虾酱、鱼露、豆豉等。

（四）辣咸类

辣油、豆瓣辣酱、辣酱油等。

（五）辣香类

咖喱粉、咖喱油、芥末糊等。

（六）麻味

为川菜独用的一种味型，可分为椒麻和麻辣两种。椒麻含花椒的麻、酱油的咸、葱和香油的香以及味精的鲜，以麻味突出；麻辣味有花椒的麻，辣椒的辣，同时又有咸、鲜、香诸味，其中麻辣味突出，是一种极富刺激的复合味。

（七）怪味

也是川菜独有的一种味型，由咸、甜、辣、麻、酸、鲜、香等味组成。

（八）酒类

酒类也是一种调味品，能解腥膻。有些名贵的菜用绍兴酒作调味酒，料酒是次等的绍兴酒，很多南菜用此酒调味。高粱酒是做醉蟹、泡菜、糟肉、炒金花等菜必需的调味品。白兰地和葡萄酒除了西餐菜用以外，中餐也可以使用，如烧牛肉和烧羊肉等。

第十二章　调味诀窍

调味，就是把主辅料和调味品融合，在烹制受热过程中经过种种物理与化学的变化，以除去恶味、异味，增加鲜味、美味，使菜肴形成一种新的脍炙人口的滋味，从而增进食欲，有益健康。清代文学家袁枚在论及调味品作用时，曾作了一个生动的比喻，他说："厨之作料如妇人之衣服首饰也。虽有天资，岁善涂抹，而敝衣褴褛，西子亦以为容。"中国菜在口味上变化无穷，许多地方菜系各具特色，百格百味，都有调味的奇功。调味的基本诀窍有以下五点：

一、因料调味

新鲜的鸡、鱼、虾和蔬菜等，其基本就有特殊鲜味，调味不应过量，以避免掩盖天然的鲜美滋味。如果原料本身已不新鲜，调味则可稍重些，以解除邪味，俗称：压口。

腥膻气味较重的原料，如不新鲜的鱼、虾、蟹、牛羊肉及内脏类，调味时应酌量多加些去腥解腻的调味品，诸如料酒、醋、糖、葱、姜、蒜等，以便减恶味增鲜味。

本身无特定味道的原料，如海参、鱼翅等，除必须用鲜汤外，还应当按照菜肴的具体要求施加相应的调味品。

二、因菜调味

每一种菜肴都有自己特定的口味，这种口味是通过不同的烹调方法最后确定的。因此，投放调味品的种类和数量皆不可乱

来，特别是对于多味菜肴，必须分清味的主次，还有的菜上口甜收口咸，或上口咸收口甜等。这样一菜数味，变化多端的奥妙，皆在于调味技巧的运用。

三、因时调味

人们的口味往往随季节变化而有所差异，这也与机体代谢状况有关。例如冬天由于气候寒冷，因而喜用浓厚肥美的菜肴，炎热的夏季则嗜好清淡爽口的食物。

四、因人调味

我国地域辽阔，各地饮食习惯与口味爱好均有不同，因此，在烹调时，必须注意就餐者的不同口味，并要保持地方菜肴的风味特点，做到因人制菜，所谓“食无定味，适口者珍”。

五、调料优质，投放适当

原料好而调料不佳或调料投放不当，都将影响菜肴风味，优质调料还有一层含义，就是烹制什么地方的菜肴，应当用该地方的著名调料，这样才能使菜肴的风味突出。

第十三章　常用调味料在小吃制作中的作用

一、油脂在烹调中的作用

食用油脂是食用的植物油类和动物脂肪的总称。油与脂肪的区别很简单，在常温下油是液体，脂肪是固体。油脂在烹调中运用非常广泛，有着十分重要的意义，是烹调菜肴不可缺少的原料。

（一）油的传热作用

使菜肴呈现出鲜嫩或酥脆的特点，在烹调过程中，用油脂作为传热媒介的应用很广，由于油脂的沸点很高，加热后容易达到高温，所以能加快烹调的速度，缩短食物的烹调时间，使原料保持鲜嫩，适当地掌握加热时间和油的温度，还能使菜肴酥松发脆。

（二）油脂的增色的作用

改善和增加菜肴、小吃的色、香、味、形、油脂等可使菜肴呈现出各种不同的色泽。

如在制作过程中挂糊菜肴时，由于油脂温度不同，可使炸制或煎制出的菜肴呈现洁白、金黄、深红等不同的颜色，油可以高于水或蒸汽一倍的温度，迅速驱散原料及内部水分，从而油分子渗入到原料的内部，使菜肴散发出诱人的芳香气味，从而改善了菜肴的风味，香油（芝麻油）具有特殊的香味，对改善菜肴的风味也有很大作用。菜肴中由于油脂的存在，可使菜肴色泽明

亮，并给人以清爽明亮的感觉，诱发人的食欲。如炒爆熘等菜肴的制作，在菜肴成熟出锅时，一般都加入一些油脂，俗称“打明油”，其原因就是利用油脂具有一定得透明度和黏度的性质，使菜肴色泽明亮，并从口感上给人以油腻滑口的感觉。在烹调时，利用油高温传热的特点，可使菜肴原料表面蛋白质骤然凝固变质，改变了原料的组织结构，使剞过花刀的原料形成菊花、麦穗等各种美丽的形状。

（三）油脂的保温作用

油脂黏度大，散热度大，散热慢，用来保温是比较理想的。

（四）增加营养成分

在烹调过程中，由于脂肪渗透刀原料组织内部，不仅改善了菜肴的风味，并且补充了某些低脂肪菜肴（蔬菜类）的营养成分，从而提高菜肴的热值。另外，油脂对于人体吸收和利用维生素有着十分重要的作用。

（五）油脂乳化

我们将油脂呈微滴状稳定地分散于水中，或者是水呈微低状稳定地分散于油脂中的作用成为油脂乳化。在奶汤中，可找到油脂乳化的踪迹。奶汤是以蛋白质、乳制作为乳化剂的。煮奶汤时，要投入母鸡、肘子等肉类原料，加热沸腾过程中蛋白质、胶质溶于汤中，增加了汤的黏度，使同时溶于汤中的脂肪处于稳定状态，形成乳浊液，奶汤就白如牛奶了。

二、食盐在烹调中的作用

民谚：“好厨师，一把盐”。可以说概括了食盐在烹调中所起的重要作用。烹调中所使用的食盐，按其种类可分为海盐、池盐、井盐、岩盐。纯净的食盐，色泽洁白，结晶整齐，质地坚硬，呈透明或半透明状。复制盐（精盐）洁白干燥，呈细粉末状。食盐在烹调中的作用主要有：

（一）食盐能提鲜

一个菜肴无论它的档次高低，所使用的主要原料大致可分为两类，即动物性原料和植物性原料。它们自身所含的呈鲜物质的鲜味并不明显，只有与盐中的钠离子结合才能呈现出明显的鲜味来，所以提鲜总是离不开食盐来发挥作用。

（二）食盐能调味

在众多的烹饪原料中除少数原料自身就具有人们乐于接受的味道之外，多数原料都存在不同程度的恶味，使其变成美味的食品，除了加热等方法之外，就是发挥食盐“去恶扶正”的作用了。大部分菜肴都要先加咸味，然后再调和其他的味。如糖醋类的菜肴，也要先放些食盐，如果不加食盐，完全用糖和醋来调味，反而很难吃，甚至做甜的点心时，往往也要先加一些食盐。

（三）食盐能保鲜

一般情况下烹调好的菜肴要比半成品的保鲜能力强一些，经过食盐腌制的烹调原料其质量明显缓慢，这是因为食盐具有保鲜防腐作用的缘故。

三、酱油的作用

酱油以咸为主，还含有多种氨基酸、糖类、有机酸色素及香料等成分，因此在菜肴的烹制过程中具有一定的作用。

（一）增加色泽

酱油大多呈酱色，厨师利用酱油的色泽使菜肴在色泽上给人一种悦目的感觉，如红烧一类的菜肴、炸制的菜肴，为了使色泽好看，也用酱油上色，如香酥鸭等。在没有糖色的情况下，可以用酱油来上色。在鸡鸭等体外，涂抹一层酱油，经炸制后，其色泽金黄诱人。

（二）增加鲜香味

酱油含有多种氨基酸，特别是老抽、虾子酱油、特鲜酱油对

香味有一定的提鲜作用，即可用于热菜，也可用于凉菜。

（三）形成复合味

酱油同其他调料混合，能形成一种复合味，凉拌菜中经常用的三和用，五和油，就少不了酱油。

四、味精在烹调中的作用

味精是一种氨基酸，其化学成分是谷氨酸钠。它能够提高鲜味。味精能增进食欲，提高人体对其他食物的吸收能力，具有一定的滋补作用。味精是从天然含淀粉的植物中提取，然后通过“发酵法”制成的，分为晶体和粉状两种。

味精除具有鲜味外，还能抑制盐味和苦味，减少甜腻味，使食品具有自然风味。因此，味精被称为菜肴风味的强化剂。但是，味精在高温下不仅会失去其鲜味，而且还能使部分谷氨酸钠失水变成具有毒性的焦谷氨酸钠。所以，味精应在汤、菜出锅后放入。

在烹饪鸡、鸭、鱼、肉类等自身具有较浓鲜味的食物时，只要适当辅以冬笋、香菇等配料即可具有鲜美之味，这时可不放或少放味精。烹调海参、鱼翅、豆腐等为主料且味淡的食物时，最好也不放味精，但可配以火腿、鸡肉、高汤。

糖醋类菜肴也不要放味精，因为在酸度较大的菜肴中，味精鲜味不仅难以发挥，而且还能抑制鲜甜之味。另外，在放有小苏打或食碱的碱性汤、菜中也不宜放味精，以免味精中的成分变成谷氨酸二钠，使食物产生异味。需要放味精增鲜的菜肴，味精用量要适当，不可过量。过量会产生一种酸涩味，影响菜肴的本味。一般情况下，成人每天摄入味精以6g左右为宜。过量食用会使人出现口痛、口干等不适感觉。

另外，味精中含有10%的盐分，会给菜肴增加一定的咸味，故烹调时要注意掌握。味精吸湿性强，极易溶于水，存放时应注意放在阴凉、干燥和密封的容器里。

五、姜在烹调中的作用

姜是姜科植物的根块，属多年生草本植物。烹调中用姜要视菜肴的具体情况、合理、科学地用姜。

（一）姜丝入菜，多作配料

作为配料入菜的姜，一般要经过刀工处理成丝状，入“姜丝肉”是取新鲜酱与青红辣椒，切丝与瘦肉丝同炒，其味香辣可口，独具一格，把新姜或黄姜加工成丝，还可作凉菜的配料，增鲜之余，兼有杀菌消毒作用。

（二）姜片入菜，去腥解膻

作为调味品，生姜加工成块或片，多数出现在火工菜中，如炖、焖、炜、烧、煮、扒等烹调方法中，具有去除水产品、禽畜类的腥气味的作用。

（三）姜米入菜，起香增鲜

姜米在菜肴中亦可与原料同煮同食，如“清炖狮子头”把猪肉剁细后，加入姜米和其他调料，制成狮子头，然后再清炖。生姜加工成米粒，更多的是经油煸炒后与主料同烹，姜的辣香味与主料鲜味融为一体，十分诱人，姜米多用于炸、熘、爆、炒、煮、煎等方法的菜肴中，用以起香增鲜。

（四）姜汁入菜，色味双佳

水产、家禽的内脏和蛋类等原料，腥膻异味较浓，烹制时生姜是不可缺少的调制品。当遇到有些菜不便与生姜同煮，又要去除腥膻增香，用姜汁就比较合适。

制姜汁的方法：将姜块拍松，用清水泡一定时间（一般还需要加入葱和适当的料酒同泡）就成为需要的姜汁了。

六、葱在烹调中的作用

葱属于百合科，多年生草本植物。它的品名各地叫法不一，根据它的形状、特征和用途，一般可分为洋葱、大葱、香葱三种。

葱是日常烹调中必不可少的调味品，也是最常用的调味品。但是，要让葱在烹调中发挥绝佳的调味作用，我们还必须了解葱在烹调中能起到什么作用，以及如何正确的使用葱。其实，葱可以用于煎、炒、烹、炸，样样皆宜，学会正确的使用方法很重要。

(一) 根据葱的特点使用葱

家庭常用的葱有大葱、青葱，它的辛辣香味较重，在菜肴中应用较广，既可作辅料又可当做调味品。把它加工成丝、末，可做凉菜的调料，增鲜之余，还可起到杀菌、消毒的作用，加工成段或其他形状，经油炸后与主料同烹，葱香味与主料鲜味融为一体。

另外，青葱经油煸炒之后，能够更加突出葱的香味，是烹制水产、动物内脏不可缺少的调味品。可把它加工成丁、段、片、丝与主料同烹制，或拧成结与主料同炖，出锅时，弃葱取其葱香味。较嫩的青葱又称香葱，经沸油氽炸，香味扑鼻，色泽青翠，多用于凉拌菜或加工成型撒拌在成菜上，如“葱拌豆腐”、“葱油仔鸡”等。

(二) 根据主料的形状使用葱

葱加工的形状应与主料保持一致，一般要稍小于主料，但也要视原料的烹调方法而灵活运用。例如“红烧鱼”、“干烧鱼”、“清蒸鱼”、“氽鱼丸”、“烧鱼汤”等，同是鱼肴，由于烹调方法不一样，对葱加工形状的要求也不一样。

例如，“红烧鱼”要求将葱切段与鱼同烧；“干烧鱼”要求将葱切末和配料保持一致；“清蒸鱼”只需把整葱摆在鱼上，待鱼熟拣去葱，只取葱香味；“氽鱼丸”要求把葱浸泡在水里，只取葱汁使用，以不影响鱼丸色泽；“烧鱼汤”时一般是把葱切段，油炸后与鱼同炖。经油炸过的葱，香味甚浓，可去除鱼腥味。汤烧好去葱段，其汤清亮不浑浊。

（三）根据原料的需要使用葱

水产、家禽、家畜的内脏和蛋类原料腥、膻异味较浓，烹制时葱是不可少的调料。豆类制品和根茎类原料，以葱调味能去除豆腥味、土气味。单一绿色蔬菜本身含有自然芳香味，就不一定非用葱调味了。

七、蒜在烹调中的作用

大蒜是一种多年生草本植物，耐寒，叶细长而扁，色深绿。茎由叶聚集而成，地下茎为蒜头，蒜头由单个的独蒜头，也有数瓣聚集而成。大蒜分两种：一种白皮酸，蒜瓣小而多，生食味差；另一种紫皮蒜，蒜头皮呈紫色，蒜瓣大而少，宜生吃。

蒜在烹饪中主要的作用是去腥增香。如在烧鱼和海参等海味，加入大蒜和拍碎的蒜瓣，去腥增鲜，特别是烧黄鱼，加上蒜瓣，滋味更美。在烧菜时，如烧茄子、烧蕨菜也都要加蒜瓣，才能使这些菜肴散发香味，蒜用途很广，不作一一赘述。

蒜含脂肪、蛋白质、钙、磷、铁、多种维生素、蒜素等，有独特得蒜辣气味，性辛温，入脾、胃、肺经，功能解毒，杀虫、药理研究表明：蒜汁、蒜浸液在试管内对结核杆菌、痢疾杆菌、白喉杆菌、伤寒杆菌、炭疽杆菌、有抑菌灭杀的作用。

八、辣椒在烹调中的作用

辣椒，又名番椒。一年生草本，分甜椒和辣椒两大类。适量的食用，不但增添菜肴的香味，而且能增强唾液的分泌，促进胃

肠蠕动，有助于消化功能，因此人们广泛地采用它们来做调味料，作出美味可口的菜肴。

新鲜辣椒，含有大量的维生素 A 和维生素 C，为蔬菜中此两种维生素含量之魁，还含有辣椒素，辣椒素、蛋白质、脂肪、胡萝卜素以及钙、磷、铁等物质，辣椒味辛烈，能祛风散寒、行血解斜、导滞开胃、除温杀虫、杀菌止痒，它所以有这样的功效，主要是辣椒素的作用。

九、料酒在烹调中的作用

酒的化学成分就是酒精，酒精经加热发挥很快，酒在烹饪过程中的作用有以下几个方面。

（一）去腥臊作用

在烹制动物性菜肴时，常要用酒做佐料去腥臊味，动物中的腥味是由一种叫三甲胺的挥发性物质产生的，三甲胺的挥发性物质产生的，三甲胺能溶解于乙醇中，在烹调时放些料酒，乙醇能沿着毛细管和细胞间隙渗透到食物内部的细胞中，把三甲胺分解吸收，这就除去了食物中的腥臊味，使菜肴味道鲜美。

（二）增加菜肴的香气

烹制菜肴时加些酒能增加香气，因酒本身还有脂类、醛类、糖类等挥发性物质和醇，具有特殊的香气。

（三）保持菜肴的新鲜色彩

炒青菜时，在菜将要熟时，撒上一些酒类，不但香气扑鼻，而且能使青菜碧绿悦目，因为蔬菜中含有叶绿素和有机酸，叶绿素是使蔬菜成为绿色的原因，其分子中含有镁元素，我们在炒菜时洒一些料酒，醇能与酸发生脂化反应，生成膦酸酯和水，从而降低了有机酸的含量，保护了叶绿素，得到了香气扑鼻、碧绿悦目的菜肴。

（四）杀菌防腐作用

我们在烹调过程中使用的料酒，有时也能起抑菌防腐的效果。如酒醉风鱼、酒醉鸡、醉虾等酒醉的菜肴，其中的酒都起了一定的杀菌防腐的作用。

十、醋在烹调中的作用

菜肴烹调中加一点醋，不但味道鲜美，而且能起到保护维生素 C 的作用，醋能使鱼刺软化，烧鱼时放些醋就能使鱼刺酥烂，用糖醋烹调小排骨或鱼，可增进人体的钙磷吸收率；醋既是烹调品，又是杀菌剂，肉鱼食品不新鲜时，加醋烹调，不但解除腥味，还可杀灭有害细菌。

十一、糖在烹调中的作用

糖依据聚合度可分为单糖（葡萄糖、糖果等），双糖（蔗糖、乳糖、麦芽糖等），多糖（淀粉、纤维素等）。糖是烹调的必备调料，无论是做冷菜热菜，还是荤菜、素菜，几乎都少不了它，所以糖在烹调中的应用非常广泛，有着十分重要的作用。

（一）制成独具特色的菜肴

糖在烹调中最大的功用要算做甜菜，不管蜜汁、挂霜、还是拔丝的菜肴，都是以糖味主要调料。

（二）可增加菜肴的色泽、风味

糖除了用来制作一些甜菜外，还有一个重要的用途是可以用来制作糖色，糖色是调色剂；它在烹调中应用很广，在有些卤、烧、焖、等菜肴中都起了重要的作用，就拿红卤的鸡、鸭来说，如只依靠酱油的色作为调色物，其成品色泽黑暗不发光，而加入适量糖色后，则明显不同，成品金黄油量、色香味美，增进就餐者的食欲。

十二、淀粉在烹调中的作用

淀粉是烹调中进行挂糊、上浆、勾芡、拍粉的主要原料。使用广泛，它虽然不像其他调味原料那样有调味的作用，但它可能增强菜肴的感观性能，保持菜肴的鲜嫩，提高菜肴的滋味，使菜肴色泽美观，还可减少营养成分的损失。

第十四章　新昌小吃品种实例

一、春饼

（一）春饼的风俗

春饼，象征一元复始万象更新、吉祥欢乐之意，是新昌特有的传统面食。春饼在新昌方言了叫“饼筒”，两张称一叠，满六张叫“一大”（“大”字想来是“叠”字的变音）。一斤面粉大约可制作60～70张春饼。

春饼的做法很别致。用一只平锅（鏊盘），在炉子上烤热，再用手摘取一团面团，在灼热的锅面上抹一个实圈。稍烘片刻，就能揭下一张薄如绵纸、白中透黄、酥脆香美的春饼。吃时卷上油饺、油豆腐、臭豆腐，就独具一番风味了。

新昌人爱吃春饼，因其方便、味美，也因其蕴含团圆之意。春饼可久藏2～3个月不变质。新昌旧俗，外出的人，以春饼寄托乡情，一旦收到家乡的春饼，就明白亲人在思念自己。除此之外，春饼还有着特殊的作用。旧时逢年过节，一般宗祠或普通人家祭祀祖先，春饼是供桌上不可或缺的供品。春饼在供桌上摆放上也十分讲究，一定要把它折成四折，搁在碗上，恭恭敬敬地放在酒菜旁边，这种风俗至今犹存。

（二）用料

高筋粉300克、盐1克（按此比例调配）。

（三）制作方法

（1）和面：水分次加入，先搅拌成棉絮状。

（2）最好面团要软一点，盛一碗冷水。

（3）“蘸水按压”：用手指蘸水，按压面团、再手指蘸水。

（4）按压面团，如此往复，直到面团变得更稀、更有筋为止。

（5）接下来就是“泡水醒面法”：倒冷入水遮住面团，醒发1小时，醒发完成，倒去上面的水。

（6）用手稍微揉一下面团，抓起面团，面团往下掉，摔面：将面团抓在手心内，使面团往下掉，再使面团摔到手心内，又使面团往下掉。重复来回摔面团，直见面团越来越上筋。

（7）面团上筋后，开小火，放不沾平底锅，开始“一抹”（顺时针转一圈）。立刻“一拉”，记住哦：锅温度偏高的话，会使皮一起拉起。立刻“一蘸”，蘸去多去面糊。见没有湿面时，很快用手拿起春卷皮。

二、大糕

（一）大糕的由来

大糕，俗名烂脚大糕，形方色白，内含黑褐豆沙馅，圆形如膏药。也有加红枣、黑枣的，更显特色。据说新昌大糕始于明清，相传八仙之一铁拐吕食大糕，又因此仙生的一双大烂脚，故此糕昵称“烂脚大糕”。虽然糕名听起来硬硬的，但那大糕却是软软的，香柔可口。

大糕的制作十分讲究。选用的是七成熟飞糯米粉、三成熟的粳米粉调匀，然后筛入定制的模子，再裹进核桃肉、金橘饼、芝麻等馅料，最后压制成2cm见方的糕坯，放入蒸锅蒸熟即可。

（二）制作方法

（1）大米洗净浸泡一宿。

（2）将大米放入食品加工机中，加少量水打磨成米浆。

（3）取少量米浆分别放入一个大碗和一个小碗中，大碗的放入微波炉中加热 30～60s 的样子。

(4) 然后将大碗中的熟米浆倒入生米浆中搅拌均匀。

(5) 小碗的米浆里加白糖和酵母拌匀，放入温暖处发酵(夏天室温下就可以)。

(6) 米浆发酵好的样子。

(7) 将发酵好的米浆再倒入其他米浆里，搅拌均匀，再次发酵。

(8) 最后把发酵好的米浆盛入模具里，上锅大火蒸 15min 即可。

三、镬拉头

(一) 镬拉头的传说

镬拉头，形如厚实的春饼，但厚为春饼的 3～4 倍，系在镬底拉成。制作方法是在白面粉中加入精盐、熟油等配料，拌以水，调成糊状，过 30min，用手撮一粉团，在烧红的大铁锅中画一个“大圆”，烤熟即成酥松面食——镬拉头。用镬拉头裹以马兰头、马铃薯等山野土菜，以及鸡蛋鸭蛋，更有一番风味。

新昌的锅拉头名气不小，其实就是一种街头小食，类似与杭州人吃的葱包烩，但外形比葱包烩要大得多，作料也多。有意思的是，当地和锅拉头搭配的有专门的青菜汤，坐着边吃边喝，颇有一种行走江湖的味道。说起来，这小吃后面，有一个有趣的故事。相传，清末本县乡下有两个书生到城里读书，未料带的盘缠不够，不几日就花得只剩几枚铜钱了。靠着几枚铜板如何打发往后的日子呢，旧时交通不便，叫家里人送钱来又远水不解近渴，于是，其中一个书生想到佳丽母亲做面饼的方法，就在路边摆了一个小吃摊，借来几张条凳，一张放桌，买来几斤米粉和一些蔬菜，将南瓜和萝卜等切成丝炒熟了，卷起来出售。城里人没吃过这种小吃，一品尝，觉得味道好极了，而且价钱又便宜，于是生

意大好，后来就流传开来，成了新昌一款名小吃。小吃的妙处也许就在这里吧，很多无心的做法，一不小心就成就了一款流芳百世的美食，滋养着后辈那些或富足或艰涩的岁月。

看上去块头都不咋样的小吃，其实背后都蕴藏了这些师傅和食客不断挑剔和改进的智慧。民间的小吃不像那些名菜一样讲究民贵的材料和做法，只求用最普通和实惠的材料做出老百姓最喜欢的味道。比如南方的迷宗大包，就是因为起做法吸取了各地豹子的优点，无宗无派，所以就叫迷种大包，新丰的包子大概也算是其中一种吧。

行走在各地，兜里银子不多的时候，就去找这些小吃吧，味道不坏，而且绝对顶饱，何乐不为呢？

（二）制作方法

（1）原料：面粉适量、盐、各种小菜如：南瓜丝、土豆丝、香干肉丝、红烧肉、蒜泥苦麻等。

（2）面粉中加适量盐。加水搅拌均匀成面糊，饧2个小时待用，将面糊打上劲。

（3）锅中放少许油，擦开，（不能太多）用锅铲将面糊擦开成一个圆饼状，边上微微翘起，看上去没有白点即成熟，也可以反面略煎一下出锅。

（4）镬拉头卷上炒好的各种小菜即可食用。

四、麦糕

（一）麦糕的由来

俗名捻藤麦糕，取其形状而名，是新昌的一种特色小吃。

以不去除麦麸的黑面加盐加石灰水制成面团做成条状，扭成麻花形蒸熟后食用。此是旧时贫穷之家的食品，但颇有特殊风味。

（转）粘，纠缠。休要（合说“小”）捻藤麦糕谐粘头我社

(别粘着我。直译是：不要黏黏糊糊的粘在我这里)。(按："捻"作"扭"解，"捻藤"就是缠绕的藤，故引申为"黏附、纠缠"的意思。) 女老板沈珏宏今年40多岁，开着一家早餐店，她说看见很多人喜欢吃麦糕，特意从家里人那里学来，然后自己做出来卖。每天凌晨1:30，沈珏宏就起床准备馒头等早点。等馒头卖得差不多了，她就开始着手做麦糕。

沈珏宏说，做麦糕要先将清水倒在石灰块粉里，发过，再将石灰水、盐等按比例倒在麦粉里，并搅拌面粉至絮状，然后将发好的面团在案板上用力揉20min左右，揉至表面光滑、手感酥软且有黏性为止，并尽量使面团内部无起泡。沈珏宏说，揉面是全手工活，需要很大的劲放下去面团才能逐渐光滑。她刚开始揉面时，揉得手都伤了筋。面团揉好后，沈珏宏用擀面杖将面团碾压开来，要碾得很薄很均匀，这道工艺和做手工面条差不多。之后再用刀切成两根手指那么宽的小条，刚好小蒸笼那么长，拧成螺旋形长条状，齐齐地放在一个大蒸笼里蒸。蒸煮一般20~25min后即可食用。蒸煮过程中切忌中途打开蒸笼盖查看，以免笼内热气流出破坏麦糕蒸煮流程。蒸熟后，麦糕的颜色发生了变化，黄澄澄的颜色进一步加深，看去感觉很厚实很诱人。

沈珏宏说，麦糕特别受顾客欢迎，她每天能卖出五六大蒸笼，往往一出笼就被抢光，经常有路过的人看到有麦糕卖，欣喜若狂，一下子就买了几十条。

麦糕色泽金黄，柔韧劲道，嚼起来口感很厚实，很香，当然，也很解饥。以蜂蜜、蒜泥或腐乳醮食，味道就更好了。麦糕有一种天然的独特香味，可作农家主食。

在网上，许多本地人发帖想念、回忆麦糕那独特的味道，很想重温吃麦糕的感觉，有的人还想学会制作工艺，自己尝试做麦糕，看来传统风味小吃还真是魅力不小。

（二）制作方法

（1）将特级面粉加麦皮粉（比例：8∶2）和均匀，加少许盐。

（2）将石灰用1水化开，（比例1∶8）。

（3）将石灰水加入和好的面粉中，面团要稍软，揉透，盖上毛巾醒10min。

（4）将醒好的面团用擀面杖擀平，切去多余的边，切成长条状，将切好的条两头向反方向转2圈，整齐放蒸笼上蒸15min即成。

五、青饺

（一）青饺的由来

青饺是由清明时节的青麻糍、青团演变而来。

做青饺，先用优质粳米、糯米粉淘净后磨成粉，再用野生艾青，煮熟捣烂，与米粉揉和均匀，摘成小面团待用。另用豆沙配上猪板油、芝麻、核桃肉、金橘饼、白糖等做成馅子，在小面团里裹进馅子，做成型如鸳鸯的饺子，用蒸笼蒸熟，稍凉后即可食用。野生艾青具有清凉排毒、清肝明目功用。做成的青饺色泽碧绿，散发着阵阵清香，是色、香、味、形俱佳的时令食品，更是人们清明时节的首选点心。

（二）制作方法

（1）艾蒿在清明时节是比较嫩的，要采摘嫩头，过了清明就变老了，晒干点着了能驱蚊。先洗一洗，一般是将艾蒿剁碎了蒸熟。然后再过滤出来。把搅碎的艾蒿滤出后备用。

（2）一半糯米粉，一半米粉，搅拌均匀后加热水揉成面团。先把米泡涨，然后沥干水分将米磨成米粉。和面时一定要用热水。不加热水很难成团。把打碎后的艾蒿放进去一起揉成团。

（3）将肉、咸菜、豆干、笋或茭白、胡萝卜全部切丁备用。

油锅烧热后加入肉沫（最好是半肥的）先炒，再加咸菜、豆干等其他配料。加盐、味精炒熟，起锅备用。

(4) 擀好面皮，将陷料包进去，可以按自己喜欢做成不同的形状。放蒸笼架上蒸15min左右即可出锅上桌。艾叶要放适量，放多了味苦。

六、青麻糍

(一) 青麻糍的传说

农历三月十九，在新昌回山一代有吃青麻糍的习俗，并以此作为风味食品，馈赠亲友。

据传始于明末清初，南明王朝覆亡以后，浙东一代抗清斗争风起云涌，东阳、天台、新昌三县交界处，有一支地方武装，头裹白布，号“白头军”，以“反清复明”相号召，活动颇为活跃，在今回山一带，有广泛而深厚的群众基础。后该武装遭清政府残酷镇压，这里的老百姓深感悲愤，为了表示纪念，他们以明末崇祯帝自缢煤山之日（农历三月十九日）为“祭天节”，家家户户吃青麻糍（意为“吃清”）。

清政府无可奈何之际，派人向老百姓宣扬，说明王朝的覆亡乃李自成农民起义军之过，要求大家改吃醉鲳鱼（意为吃“闯王”）。百姓迫不得已，在青麻糍的同时，也吃醉鲳鱼，但此习俗流传不广。时隔不久，也只剩下吃青麻糍的习俗了。

当然，随着岁月的流逝，“吃清”的本意也逐渐被人们所淡忘。如今吃青麻糍，只是对大地回春，草木又开始丰茂表示庆贺而已。

(二) 制作方法

1. 原料

糯米0.5kg，粳米0.75kg，山上的青1.25kg，红糖0.5kg（为一臼）。工具：捣臼、锅、糕甑、饭布、面床、擀面杖、

刀等。

2. 加工

把糯米和粳米一起轧成精细的米粉。将青洗净，放入沸水里烫熟捞起，待凉后用手将苦水捏干。

3. 制作

将米粉装在糕甑里，青覆在米粉上，再把糕甑放在沸水的锅里用烈火烧熟。熟后倒入捣臼里进行人工拌捣，捣成后用手捧出放在面床上，用擀面杖一人一边，将其压扁成一个平均1厘米左右厚度的大圆盘，然后用刀把其切成一个个小长方形即成。

七、青团

（一）青团的由来

青团作为清明节祭祖的食品，在新昌三坑一带广为流传。青团的特点是存放三四天不破、不裂、不变色、不变质。制作时，首先将采来的艾青洗净，用水煮熟，捞出、捣烂。然后，将捣烂的艾青与糯米粉一起揉拌，使之变成碧绿色的团子皮。团子的馅心是用赤豆以慢火焖一晚上，再捞去壳并脱掉水制成豆沙，再将已经很细腻的豆沙用猪油加糖翻炒，制成豆沙馅，也有用枣泥、玫瑰、芝麻等其他馅料的。其他制作方法就如同包子了，将团子坯制好后，再用粽叶垫底入笼，将它们蒸熟，出笼时用毛刷蘸熟菜油均匀地刷在团子的表面就可。刚出笼的团子葱绿如碧玉，糯韧绵软，清香扑鼻，吃起来甜而不腻，肥而不腴，是一款天然绿色的健康小吃。

（二）制作方法

（1）艾叶采新鲜的尖端，洗净，开水焯熟，捞起，放凉后切碎，揉成团，备用。

（2）在艾叶团中加入适量糯米粉，加温开水，揉到不黏手时停止加水，反复揉搓，使艾草和糯米粉分布均匀，成鲜绿色面团。

(3) 咸菜、笋丝、肉丝切碎，快火翻炒，也可以用豆沙做馅料，作为馅料，备用。

(4) 绿色面团搓成长条，切成剂子。搓圆剂子，在中间用大拇指按出一个坑，填入馅料，封口，做成窝窝头状。

(5) 也可将剂子按成圆饼形，放入馅料，对折后封口，用手指按出绞型花纹，成为菜饺。

(6) 上锅蒸 15 ~20min 即可。

八、芋饺

(一) 芋饺的由来

新昌芋饺相传已有几百年历史，在清朝乾隆年间，就已成为农民的佐餐食品。据说，芋饺是南迁的北方人发明的。他们因地制宜，将新昌本地的特产芋艿和番薯，用北方人包饺子的做法和吃法，创造性地发明了这个小吃。在过去，家里来了客人，煮上一碗芋饺招待，算是相当讲究的“礼遇”。

芋饺，顾名思义，制作过程中要用到芋艿，新昌人做芋饺用的是芋子，因为芋子的肉质比芋头更为细腻、软糯、嫩滑，有黏性，而芋头相对而言显得较为粗糙。用芋子做出来的饺皮香滑弹牙，还可以滴水不露地、完好地隔绝煮芋饺的汤汁，更加凸显出肉馅的鲜美。

那么，芋皮该怎么做呢？首先把芋子煮熟去皮放在盘子里，然后混入一定量的红薯淀粉，这里的“一定量”就要根据芋艿的湿度和黏稠度来决定，之后就一边慢慢地揉，一边轻轻地挤压，直到皮子变得柔软滋润，晶莹剔透。这个过程全部靠手来完成，因为煮熟的芋艿又滑又粘又烫，拌粉的过程就变得很费时。芋皮做好之后，接下来就跟包饺子一样简单了。摘一小团粉团，把它搓成拇指粗细的长条，再分成一小个一小个，用双手压成皮

子，再把馅包进去，形状一般为三角形，芋饺就做好了。

传统的吃芋饺，就是直接把它放进锅里煮一下，不久之后，一碗晶莹剔透、香气扑鼻的佳肴就“新鲜出炉”了，尝一尝，它既糯又柔，滑溜可口，一吃进口中，感觉就要滑到你的肚子里，建议要连汤一起吃哦。因为芋饺皮的特殊做法，整只芋饺显得细腻糯滑，还非常耐煮耐存放，要是前一天煮熟的芋饺吃不完，放到第二天，吃起来也仍然爽滑柔韧，柔韧有余。

不光是煮着吃，新昌人吃芋饺还有煎、炸、烤等方法，这样做出来的芋饺外酥内滑，甘香适口，令人垂涎三尺。芋饺可以当主食吃，也可以当佐菜、当点心吃。过年期间，桌上绝大多数菜肴都比较油腻，一盘相对清淡得多的芋饺真是让人胃口大开。

(二) 制作方法

(1) 毛芋洗净放锅里放水煮、煮至成熟即筷子能叉进就算熟了，稍冷剥去外皮，再放保鲜袋压成芋泥。

(2) 肉馅准备，肉末里加少量盐、鸡精、料酒、一点生抽搅上劲，打入一个鸡蛋、葱花、黑木耳末继续搅上劲。

(3) 芋皮的制作：锅里水烧开加入番薯淀粉并用筷子快速搅拌，加入压好的芋泥，再加些番薯淀粉，用手一边揉一边加，揉至不黏手为止，将芋粉团分成若干小挤子，取一小挤子用手按成扁圆状，用手再按几下，成饺子皮状，放进肉馅、先捏合一边，再按另一边成三角状，包好的芋饺。

(4) 成熟：煮饺子一样煮芋饺，加一次冷水至浮起，再加上自己喜欢的配料即可食用（配料有：小青菜、菠菜、木耳、榨菜丝等。

九、重阳糕

(一) 重阳糕的由来

在重阳节吃重阳糕这一习俗，已经有很悠久的历史。《西京杂记》载："九月九日佩茱萸，食饵，饮菊花酒，能令人长寿"。这"食饵"，指的就是当令食品"重阳节"。

重阳糕用米粉做成，各地做法也有不同，古今也有差异。在新昌古时，一般人家都自己做重阳糕，就像现在清明节，农民自己做"糯米麻糍"一样。因为做法简单，并不费事。据说，重阳糕的用料一般采用优质粳米、糯米按一定比例配置后磨制而成的米粉。馅料则为核桃仁、松子肉、葡萄干、瓜子仁、金橘饼、板栗、青梅、莲子、豆沙、果酱、麻油等配制而成。在制作时，要先将米粉蒸熟加糖水揉均匀，然后放进定制的模子内，铺一层粉料，放一层馅料，一般3~5层，制成后，柔软可口、营养丰富、色彩斑斓，十分诱人。

（二）制作方法

（1）将豆沙，白糖200g，混合粉（粳米、糯米粉）500g，拌和成豆沙馅心。

（2）白糖200g熬成糖油，然后与混合粉1 500g，香草香精水一起炒和擦透。擦粉时须掺一些水，擦成干潮适中的糕面。将擦好的糕面静置几小时待其浸润，然后分成3块，一块染红，一块染绿，一块本色。每块糕面用细绷筛筛成细粉，除去粗粉块，将白糕粉做底铺在长方形木格底层，上面铺一层豆沙馅心，再铺上一层绿色糕面，上面再铺上另一半豆沙馅心，最上面铺上红色糕面，在表面撒上玫瑰花，核桃肉，瓜子仁等，即成5层不同颜色的重阳糕生坯。

（3）将糕坯放在笼中，用旺火蒸约25min即熟。

（4）糕成熟后，覆盖在清洁的板上，待冷却后再翻过来，用刀切成小梭子形块装盘即成。

十、汤包

（一）汤包的传说

端午吃汤包，是新昌特具异彩的风俗。说起来，还是明代何鉴（1442—1522 年）尚书为民办实事留下的遗风。

相传明代弘治年间，新昌连年大灾，饥民遍野。何鉴尚书正因母丧丁忧在家，为此奏请圣上开仓赈济。皇上派出钦差到新昌察访，时间恰巧就在五月五日端午节。

那时，新昌和别的地方一样，在端午节也作兴吃粽子，因而至今还流传着“吃过端午粽，还要冻三冻”的谚语。钦差选在五月初五到新昌，显然是冲着端午粽而来，想从一只粽子看灾情。这自然没有瞒过何尚书。按何尚书的想法，端午是民间的重要节日，不能因受灾而不过，也不能让端午粽叫钦差抓着把柄而不开仓赈灾。他想了一天一夜，终于想出一个办法：如今新麦已经收获，何不来个“麦出不吃米”，以汤包（即馄饨，新昌方言称为汤包，下同）代粽子呢？汤包这种小吃，其味鲜美，不失为节日食品；兼而喝汤，灾情自现，可谓两全其美。第二天，他到县衙找到知县。知县也在为赈灾和钦差端午察访事犯愁。听何尚书一说，连声“好好好……”于是，由县官和何尚书分别派人通知乡民：“灾年过端午，不吃干来只喝汤，不包粽子吃汤包。”

县官和尚书公吩咐下来，有谁不依呢？端午那天，果然没有一家包粽子，家家裹起汤包来了。至于汤包馅子，真是五花八门。买得起肉的自然裹鲜肉汤包。买不起肉的，买点蒲瓜、豆腐干、葱头等，切成细末，用油一炒，芡上山粉，美其名为素汤包。倘若加上一些肉末，就谓荤素汤包。有的一文不名，家有现成菜干、笋干，又别出心裁地做出菜干汤包、笋干汤包。真是名目繁多，风味别异。何尚书还联络乡贤，开私仓施麦粉以济灾民，一个大灾之年的端午节，倒也过得别有一番风情。

却说钦差大臣果在端午那天到新昌，微服察访，只见家家户户都在喝汤，竟见不到一只粽子。悄悄来到尚书府，何尚书一家老小也在喝汤。这位钦差立即返回京都，启奏皇上说：五月端午节，天下都吃粽，唯独新昌县，不见粽子影。就连尚书府，一家尽喝汤。皇上一听，二话不说，就下旨开仓放粮，赈济灾民，还额外免了新昌三年钱粮。

此后，新昌百姓为不忘何尚书为民请赈济办实事的恩德，端午节吃汤包就一直沿袭下来，以至成为一个独异的风俗。除放汤包外，还花样翻新出蒸汤包、油沸汤包等新品种，汤包馅子也更加丰富了。

（二）制作方法

（1）将面粉加少许碱，加水和成面团。面团要稍硬些。

（2）放压面机压成薄皮，经多次压制后面皮韧性增强，在片与片之间拍一点干粉。将薄片重叠，用刀切成5cm见方的片。

（3）将肉斩成末，加料酒、酱油、味精、搅上劲。加葱花拌均匀。

（4）汤包皮子放上肉末馅。将皮子对折，再对折。将折后的两个边角拉拢，蘸一点水粘在一起即成。

（5）锅放上水少开，放上做好的汤包煮开浮起即成。

（6）碗放上少许酱油、味精、紫菜、榨菜末，加上煮汤包的汤水，将烧好的汤包捞出放碗中即成。

十一、小笼包

（一）各地小笼包的故事

笼包究竟诞生于何时何地，目前已经难以准确考证。比较集中的观点是诞生于清代中期，在今常州、无锡一带。清朝时期无锡县归属常州府统辖，小笼包是这一地区美食文化的共同体现。

无锡的小笼包，当地人又称小笼馒头，以皮薄卤多而誉遍

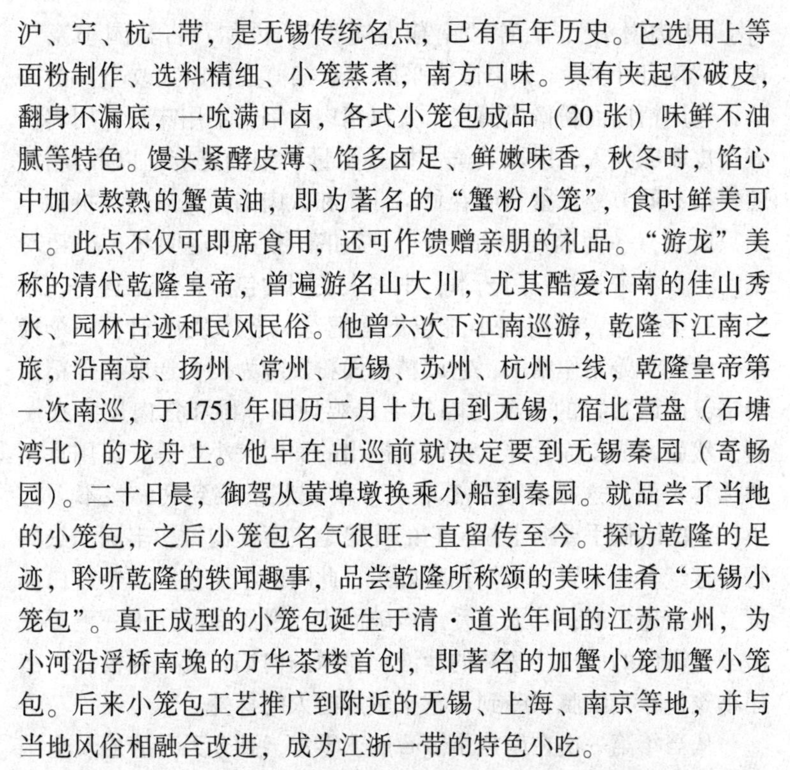

沪、宁、杭一带，是无锡传统名点，已有百年历史。它选用上等面粉制作、选料精细、小笼蒸煮，南方口味。具有夹起不破皮，翻身不漏底，一吮满口卤，各式小笼包成品（20 张）味鲜不油腻等特色。馒头紧酵皮薄、馅多卤足、鲜嫩味香，秋冬时，馅心中加入熬熟的蟹黄油，即为著名的“蟹粉小笼”，食时鲜美可口。此点不仅可即席食用，还可作馈赠亲朋的礼品。“游龙”美称的清代乾隆皇帝，曾遍游名山大川，尤其酷爱江南的佳山秀水、园林古迹和民风民俗。他曾六次下江南巡游，乾隆下江南之旅，沿南京、扬州、常州、无锡、苏州、杭州一线，乾隆皇帝第一次南巡，于 1751 年旧历二月十九日到无锡，宿北营盘（石塘湾北）的龙舟上。他早在出巡前就决定要到无锡秦园（寄畅园）。二十日晨，御驾从黄埠墩换乘小船到秦园。就品尝了当地的小笼包，之后小笼包名气很旺一直留传至今。探访乾隆的足迹，聆听乾隆的轶闻趣事，品尝乾隆所称颂的美味佳肴“无锡小笼包”。真正成型的小笼包诞生于清·道光年间的江苏常州，为小河沿浮桥南堍的万华茶楼首创，即著名的加蟹小笼加蟹小笼包。后来小笼包工艺推广到附近的无锡、上海、南京等地，并与当地风俗相融合改进，成为江浙一带的特色小吃。

常州的加蟹小笼包是小笼包中的代表。常州人都知道，吃小笼包要到“迎桂”。迎桂茶社创建于 1911 年，由于经营得法，注重质量而使其闻名遐迩，深受市民喜爱。产品具有“皮薄透明、卤汁丰富、蟹香扑鼻、肥而不腻、汁水浓郁、肉馅鲜嫩”的特点，辅以香醋、嫩姜，风味更佳，堪称常州一绝。1985 年被评为市优质产品，并编入“江苏省小吃食谱”，1990 年被常州市政府列为十大名点之一。

上海的南翔小笼包有百年历史。最初的创始人是一家点心店——日华轩点心店的老板黄明贤，后来他的儿子在豫园老城隍庙开设了分店。也就是在这繁华喧闹的豫园。南翔小笼包初名

“南翔大肉馒头”，后称“南翔大馒头”，再称“古猗园小笼”，现叫“南翔小笼”。大肉馒头采取“重馅薄皮，以大改小”的方法，选用精白面粉擀成薄皮；又以精肉为馅，不用味精，用鸡汤煮肉皮取冻拌入，以取其鲜，撒入少量研细的芝麻，以取其香；还根据不同节令取蟹粉或春竹、虾仁和入肉馅，每只馒头折裥十四只以上，一两面粉制作十只，形如荸荠呈半透明状，小巧玲珑。美食本来就是一门艺术，中国人发明的包子可算是这门艺术中的一个杰作，而南翔小笼包更是把这一艺术发展到了一个极致。南翔小笼制作精细，它以精白面粉发酵为皮，选取猪腿精肉为馅，而最独特的是要用隔年老母鸡炖汤，再和猪肉皮煮在一起，然后做成皮冻，拌入馅内。揪出的面团大小均等，还用食用油抹其表面，这样会使口感更好。要把胚子拉到底，差不多大小，包的时候手要向上拉，它的优势是皮薄，肉嫩，丰满。热腾腾的雾气直往上冒，小笼包蒸好了，此时的小笼包一个个雪白晶莹，如玉兔一般，惹人喜爱。戳破面皮，滑溜溜的汁水一下子流出来。雪白的面皮，透亮的汁液，粉嫩的肉馅，诱人到极致。南翔小笼包味美细腻，受到了越来越多的人的喜爱。

从当年第一次在南翔小镇石舫上零售，到今天分店遍及全国各地甚至国外，南翔小笼的变化令人瞩目，然而，它的那份原汁原味、自然淳朴却始终不变，始终吸引着一批又一批的食客。戳破面皮，蘸上香醋，就着姜丝，咬一口南翔小笼，然后细细品味，品味上海传统的饮食文化，品味远离喧嚣都市的那份“乡野”之情，品味好吃的南翔小笼。南翔小笼包是上海郊区南翔镇的传统名小吃，已有100多年的历史。该品素以皮薄、馅多、卤重、味鲜而闻名，是深受国内外顾客欢迎的风味小吃之一。南翔小笼包的馅心是用夹心腿肉做成肉酱，不加葱、蒜，仅撒少许姜末和肉皮冻、盐、酱油、糖和水调制而成。小笼包的皮是用不发酵的精面粉做成的。蒸熟后的小笼包，小巧玲珑，形似宝塔，呈

半透明状，晶莹透黄，一咬一包汤，满口生津，滋味鲜美。如果吃时佐以姜丝、香醋，配上一碗蛋丝汤，其味更佳。南翔小笼包的馅心还可以随季节变化而变化，如初夏加虾仁，秋季加蟹肉、蟹黄，蟹油。

（二）制作方法（白菜鲜肉小笼）

（1）将圆白菜洗净去老皮，切丝剁碎，放少许盐腌渍5min。

（2）肉馅中加入香油、蚝油、生抽各2勺、盐少许、葱姜水，拌匀腌制15min。

（3）再调入炸酱搅匀。圆白菜用屉布包裹攥干水分备用。

（4）肉馅中放入圆白菜馅搅拌至上劲。

（5）把松弛好的发面团再揉几下，切成剂子；用面杖擀成圆形皮。

（6）包入馅料，捏成包子生坯。尽量保持包子生坯子大小一致。

（7）将包子生坯摆放小笼内，再发酵约10～20min，开火蒸。大火蒸开后转小火15min。关火后焖2～3min再打开锅盖。

十二、酒酿丸子

（一）酒酿丸子的由来

酒酿丸子，又名白药酒汤圆，味道甜，有酒味，是由元宵节吃元宵演变而来。

酒酿丸子的关键用料为“白药酒”。“白药酒”又名醪糟、甜酒酿，是用糯米饭加入酒药（由米和食用真菌制成）发酵而成的。醪糟历史悠久，《说文解字》云：“古者仪狄作酒醪，禹尝之而美，遂疏仪狄。”其中“酒醪”可能就是与醪糟相似的食品。

酒酿丸子的制作方法十分简单。先将“白药酒”对水烧开、煮透，然后加入用糯米粉搓成的实心小丸子（即小汤圆），待汤圆浮起即熟。成水沸时打入鸡蛋花也是常见的吃法。酒酿丸子有酒味但不浓烈，十分清香爽口，因此成为人们十分喜欢的吃食，也是新昌人用来招待嘉宾的一道特色点心。

(二) 制作方法

(1) 主料：甜酒酿，配料：鸡蛋、糯米丸子、冰糖、枸杞适量。

(2) 锅内烧开水 加入小丸子、待小丸子全部浮上水面即表示煮熟了。

(3) 加入一碗甜酒酿、冰糖适量同煮。

(4) 煮至冰糖块融化 酒香四溢的时候，加入泡开的枸杞。

(5) 加入打散的鸡蛋液 再煮 1min 出锅即成（也可以勾薄芡)。

十三、锅贴

(一) 锅贴的由来

锅贴是一种类似于煎烙的小食，以猪肉馅料较为常见，形状一般与饺子相同，只是在烹饪的技法上略有改变。但从锅贴无用料还是煎烙的过程来看，都十分讲究。

相传当年慈禧太后非常喜欢吃饺子，但是一旦凉了就不肯吃了，所以御膳厨房得不停煮出热腾腾的饺子，又不得不把冷掉的饺子丢掉。有一天，太后到后花园赏花闻到宫墙外传来一阵香味，于是好奇的走出宫外，看到有人在煎煮状似饺子，面皮金黄的食物，尝了一口后，觉得皮酥脆馅多汁，相当美味。后来才知道，这是御膳厨房丢弃的饺子，因为凉掉了皮粘在一块，不容易用水煮，所以才用油煎热着吃。将冷掉的饺子重新煎热来吃，从外表看来与现在的锅贴没有太大的区别，是否真的从慈禧年间开始流传起，不得而知。但可以肯定的是，锅贴是平底锅出现后才有的产物，平底锅始于何时则有待探讨。

锅贴要做得好吃，煎的技巧十分讲究。用平底锅，略抹一层油，将锅贴整整齐齐地摆好，要一个挨一个，煎时应均匀地洒上一些水，最好用有小嘴的水壶洒水，以洒在锅贴缝隙处，使之渗入平锅底部为好。盖上锅盖，煎烙2～3min后，再洒一次水。再煎烙2～3min，再洒水一次。此时，可淋油少许。约5min后即可食用。用铁铲取出时，以5～6个连在一起，底部呈金黄色，周边及上部稍软，热气腾腾，为最。食时，皮有脆有绵，馅亦烂亦酥，香气扑鼻，回味无穷。

（二）用料

精粉500g，猪肉250g，青菜150g，料酒15g，食盐15g，味精1.5g，大葱50g，生姜15g.

（三）制作

（1）和面制皮。面粉中加入沸水搅拌，揉成面团，饧面10min再揉，搓条揪成60个剂子，将剂子擀成直径7cm的圆形皮子。

（2）将肥瘦适宜的大肉剁成肉泥，放入盆中。

（3）将青菜摘洗干净，焯一下捞出过凉水，剁碎，挤去水分放入肉泥中。

（4）将大葱切成葱花，生姜剁成姜末，也都放入肉泥中，然后加入料酒、盐、味精搅拌均匀且有黏性待用。

（5）左手托起皮子，打入菜肉馅约12.5g捏成水饺形，但两角留有洞孔，即成锅贴生坯。

（6）平底锅烧热加少量油滑锅，生坯均匀地排入锅中，稍煎见底部呈黄色时加入适量热水，盖上锅盖，边加热边将锅不停地转动，使底部受热均匀，待其水分全部蒸发，成品底部呈金黄色时，即可用铲子铲出，底部朝上装盘即可。

（四）特点

底部成金黄色，脆香，上部皮子柔软，馅心味美鲜嫩。

（五）操作要领

（1）锅贴的烫面各地不一，有的用全汤面，也有的用办汤面，还有的用冷水面，可根据各地的风味特色来确定。

（2）锅贴的形态各地不一，有蒸饺形，也有月牙形等，可根据不同地区灵活掌握。

（3）锅贴的皮子可擀成中间与边上一样厚薄。在熟制过程中，一般中间加一次水，一蒸汽来使锅贴成熟。火不宜旺而要均匀，要将煎盘不停地转动，使成品受热均匀，约煎 7 ~ 8min 即可。

（4）在烧入的水中可略加面粉搅匀，成熟后由于面粉的焦化可使锅贴互相粘连在一起，装盘时底部朝上显得更美观。

（5）菜肉馅中不宜加水，生坯排入锅中时药互相靠拢。

十四、生煎包

（一）用料

精粉 450g，面粉 75g，鲜大肉 500g，芝麻 100，清油 75g，料酒 10g，酱油 15g，食盐 10g，清水 125g，味精 1g，葱、姜、碱少许。

（二）制作

（1）面粉加入面肥和温水揉成面团，待其发成嫩酵面团后，加碱中和酸味。

（2）将肥瘦适宜的猪肉绞成肉泥。

（3）将葱、姜洗净，切成葱花和姜末。

（4）将芝麻筛净泥沙杂质。

（5）往肉泥中加入葱、姜、料酒、酱油、盐、味精，搅拌均匀，加适量的水搅上劲，放入冰箱冷冻。

（6）将加好碱的面团搓条揪成 60 个剂子，用清油抹一下，将剂子用手压扁，包入肉馅 10g 捏拢，将光面粘上一层芝麻，然

后将粘芝麻的一面朝上放在案上，逐个成型。

(7) 平底锅烧热加少量清油滑锅，将包有芝麻的一面朝上整齐稠密地排列在锅中。放在大口的火眼上加热，待包子底部成淡黄色可加入适量的热水，盖严锅盖，用蒸汽促使成品成熟，待水分全部蒸发，包子即熟，用铲子铲出，底部朝上装盘即成。

(三) 特点

底部色泽黄亮，上部油光明亮，微脆中带软，味香鲜美。

(四) 操作要领

(1) 面团发酵要略嫩，略软，成型中用清油，芝麻才能粘住，如不用芝麻改用香葱也可。

(2) 半成品在排入锅中要整齐靠拢，在熟制中火候不宜大，但要均匀，要常转动煎锅。

(3) 此品种煎一面，为“水油煎”成熟法，浇入的热水中也略加面粉，使成品的底部焦黄，能粘连在一起，增加其黄亮的面剂。

十五、小窝头

(一) 小窝头的由来

小窝头色泽鲜黄，形状别致，制作精巧，细腻香甜。

相传清朝八国联军侵占北京时，慈禧太后离京去西安途中饥饿难忍，京郊贯市有个人给她吃“窝头”，食时甚觉甘美，后回到北京，她命御膳房给她做窝头吃，于是精心制作“小糖窝头”，后成为慈禧斋戒时吃的一种甜食，流传到民间已有90年得历史。

(二) 制作方法

1. 用料

细玉米面400g，黄豆面100g，白糖250g，苏打0.5g，糖桂花10g。

2. 制作

(1) 将玉米面、黄豆面、白糖、糖桂花一起放入盆中，拌均匀，分3次加入温水共150g，慢慢柔和，以使面团柔韧有劲。揉匀后，搓成长圆条，揪成100个面剂子。

(2) 在捏窝头前，先用右手蘸一点凉水，擦在左手手心上，以免在捏时黏手，取一个剂子放在左手手心里，用右手指捏捻几下，将风干的表皮捏软，再用双手搓成圆球状，仍放在左手手心里。

(3) 右手食指蘸点凉水，在圆球正中钻一个孔，边钻边转动手指，左右两手配合捏拢，这样洞口由小渐大，又浅到深，并逐步将窝头的上端捏成尖形，直到剂子周围的面团厚度均匀一致，且较薄，内壁外表均光滑时便成为小窝头的生坯，然后上笼用旺火蒸10min即可成熟。

十六、榨面

(一) 榨面的由来

由来：榨面又名米粉干，产于越乡－浙江剡县，据地方志记载，明清时期当地乡民常以榨面作为馈赠佳品，或送之产妇，或赠之长者，或赠之亲友，以示吉祥如意。嵊州新昌两地，至今仍盛行以鸡蛋榨面招待女婿或宾客的风俗。榨面尤以溪滩村榨面历史最久，口味最纯，声名最盛。此面选用优质大米为原料，采用传统工艺精制而成，不加任何添加剂，成品形似圆盘，细条均匀，烧煮方便，荤素两可，其口感滑爽柔韧，配之以佐料，风味独特。经测定此面既不失大米之主要营养成分，更具瘦身健美之功效，被誉为江南第一面，是当地产妇传统主食，也可以作为长者祝寿的礼品。

(二) 制作方法

1. 汤食法

将佐料（如笋干、开洋、青菜或者雪菜、肉丝等）放入沸

水中煮1~2min，然后放入榨面，继续煮约2min，配上您喜欢的佐料及调料即为美味之汤面。如果家里刚杀了鸡，如果你喜欢的话，还可在在放入榨面之前的沸水中浇入一些鸡汤就更美味了！

2. 炒食法

（1）将榨面用开水泡软，用手拉泡好的榨面能轻松拉断。

（2）将鸡蛋或者鸭蛋煎成蛋皮切成丝，里脊肉切成丝，可以配一些蔬菜丝（白菜丝等）称为料头。

（3）锅放上油下切好的肉丝、白菜丝调味同炒，至成熟盛出待用。

（4）洗净锅，放上油，放入泡软的榨面炒，一边炒一边调味，炒至色泽红亮，酱香味浓，放入炒好的料头翻炒均匀散一些葱花或者葱段即可。

十七、炒年糕

（一）年糕的食用方法

新昌年糕和大部分地区的不一样，是一条一条的，差不多和一条烟的烟盒形状相似，一条可以够四个人左右吃了，嵊州也有，不过那是从新昌进过去的，嵊州的年糕和宁波的一样叫“线板糕”，一片一片的，吃起来很软。新昌年糕由于多用晚米做原料，质地相较其他年糕更为细密，韧性足，煎、炸、炒、烤、汤五种做法各有风味，其中汤年糕为最佳。新昌年糕由于其特点，故不容易入味，单炒后味浮裹在年糕上，交融不在一起。汤年糕可以清汤煮，或在炒软后加水煮；年糕经煮后能吸收汤汁，且其自身不化入汤中，使汤也清楚而不黏糊，如此就更加能突出其自身特点，也可使味更为交融且不失层次。年糕作为一种传统食品，一般村子的每家每户多少都会准备些晚米打一些储在家里等待来年食用。那时候，打年糕一般都是在腊月左右，一年就一次，打好后用井水浸上，勤快换水可储上4~5个月不变味。

（二）制作方法

（1）把年糕切成小条；切好咸菜，肉丝，大蒜，准备好鸡蛋．豆腐（最好是嫩豆腐，盒装的），笋丝或茭白丝（根据个人口味）。

（2）把打好的蛋放到油锅里煎成薄蛋饼，然后切成丝（注意在煎蛋的时候油温不要太高，油不要放太多）。

（3）把年糕放到油锅里炒，炒得有点软软的，微黄，飘香，出锅待用。然后把咸菜，大蒜段，笋丝或茭白丝，肉丝也进锅炒至出味，再放入年糕一起炒几下，再放调料进去．然后倒进开水，烧至滚，再把豆腐，蒜汁也倒进去一起再烧一会儿。

（4）烧好后把蛋丝倒进去再烧一会。

十八、麦花汤

（一）麦花汤的食用

新昌麦花汤又称麦虾汤，与“面疙瘩”有些相似，具体做法是：先要调好粉，将面粉加上适量的番薯粉，再加一点盐，用水搅拌均匀，要薄薄的，使面粉有流动感，这样麦花汤特别韧，柔滑好。待锅里的水烧沸后，将调好的面粉用菜刀或筷子沿碗口“夹”下去（其实是把溢出碗的麦花汤粉沿碗沿切下去，农村里都称“夹”麦花汤）。“夹”时如果菜刀用热水烫一下，则菜刀不易粘面粉，“夹”起来容易些。一般在麦花汤里会放些笋丝、青菜或南瓜叶，还有就是土豆，要是放大排或牛肉，这样麦花汤就更美味了。

（二）制作方法

（1）面粉加少量本地番薯粉拌匀，加少许盐。加水搅拌均匀，放半小时，让面粉充分吸水。

（2）将小土豆刨去皮切滚刀块，笋干菜清洗干净。

（3）锅放水放入土豆块与笋干菜烧开、将和好的面糊放碗

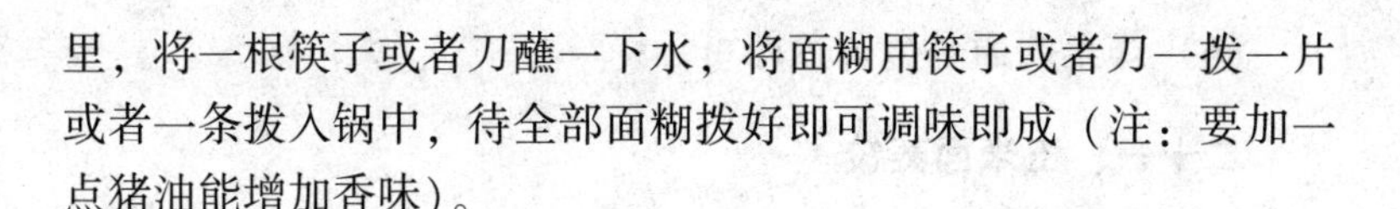

里，将一根筷子或者刀蘸一下水，将面糊用筷子或者刀一拨一片或者一条拨入锅中，待全部面糊拨好即可调味即成（注：要加一点猪油能增加香味）。

十九、南瓜丝饼

（一）操作方法

（1）将南瓜洗干净，用教粗的丝刨将南瓜刨成丝，加少许盐腌制。

（2）将腌好的南瓜丝中加上面粉，加适量水，搅成糊状待用。

（3）平底锅放上油，加入适量面糊。用锅铲将面糊摊开平铺，煎至一面成金黄色。反面再煎至金黄色出锅改小块装盘即成。

（二）其他丝饼

茄丝饼（做法与南瓜丝饼相同）。

丝瓜丝饼（做法与南瓜丝饼相同）。

二十、炸春卷

制作方法

（1）买现成的春卷皮，香菇提前用水泡发。泡发的粉丝切碎，香菇也切碎待用。

（2）包菜适量。洗净后下锅内焯熟，（不焯也行，主要是去掉菜青味）将包菜切碎，挤掉多余的水分待用。

（3）猪肉剁碎，将上述几种配菜放入碗内，调入自己喜欢的味道，加少许香油，拌匀成馅。

（4）把春饼皮平铺在案板上，放入春卷馅。

（5）炒锅内倒入花生油，待油温六成热时。将春卷放入锅内用中火炸。

（6）炸至两面呈金黄色即可。

二十一、玉米面蒸饺

制作方法

（1）玉米面蒸饺馅心用素馅比较合适。

（2）将玉米面加面粉（比例：面粉：玉米粉 = 7：3）加水和成面团。

（3）将面团搓成条，摘剂，擀成皮包入馅料，捏成饺子形状。

（4）锅放上水烧开，放上做好的玉米饺子蒸 15min 出锅装盘即成。

二十二、生煎包

制作方法

（1）面粉加入酵母和适量冷水合成面团发酵两倍大备用。

（2）猪肉馅加入葱花，盐，生抽，姜粉，胡椒粉，糖，料酒，香油，葱姜水。

（3）全部搅打上劲成为馅料备用。

（4）发酵好的面团揉均匀醒置 10min 备用。

（5）把面团分成小份，取一份搓成条切成等份小剂子。

（6）取一份擀成圆皮包入肉馅。

（7）再包成小包子，依次全部做好，排放在抹油的煎锅中，再次醒置 10min。

（8）然后撒上黑芝麻开火煎至 2min。

（9）浇上适量的冷水，加盖焖至。

（10）水干后再撒上葱花，淋入适量的香油，再焖至 2min 关火。

二十三、香煎韭菜饺

制作方法

(1) 把韭菜、红萝卜、木耳都切成小粒备用、猪肉洗净切块。

(2) 把猪肉块放入搅拌机，打成肉泥。

(3) 把肉泥先放入辅料的材料搅拌好，再加入韭菜、胡萝卜、木耳粒，再搅拌均匀，即成饺子馅。

(4) 取一块饺子皮，包入猪肉馅，用自己的方法包好。

(5) 将包好的韭菜饺放蒸笼蒸 10min 至成熟。

(6) 这是蒸好的饺子。热锅下油。把饺子放入锅中，慢火把饺子煎至金黄。再翻过来煎另一面至金黄即可。

第十五章　餐饮预防食物中毒

一、食物中毒的概念及其特征

（一）概念

食物中毒是指食用了含有生物性、化学性有毒有害物质的食品或者把有毒有害物质当做食品食用后出现的非传染性的急性、亚急性疾病。

（二）特征

1. 食物中毒的发生必然与近期进食有关

中毒患者有共同的就餐史，病人往往均进食了同一种有毒食品而发病，未进食者不发病。

2. 食物中毒潜伏期短，发病突然

潜伏期根据中毒种类的不同可从数分钟到数十小时，大多数食物中毒的病人在进食后经 2～24h 内发病，通常化学性食物中毒潜伏期较短，细菌性食物中毒潜伏期较长。发病人数多且较集中，少则几人，几十人，多则数百人、上千人。

3. 病人临床表现相似

大多数食物中毒尤其是细菌性食物中毒以急性胃肠道症状如恶心、呕吐、腹痛、腹泻、发热等为主要表现，但根据进食有毒物质的多少及中毒者的体质强弱，症状的轻重会有所不同。

4. 人与人之间不会直接传染

即不会由食物中毒病人直接传染给健康人。

另外，细菌性食物中毒季节性较明显，5～10 月气温较高，

适宜细菌生长繁殖，是细菌性食物中毒的高发时期。大部分的化学性食物中毒和动植物性食物中毒季节性不明显。

二、食物中毒的分类

食物中毒根据致病因子的不同可分为：细菌性食物中毒、化学性食物中毒、有毒动植物中毒、真菌（霉菌）毒素性食物中毒。

（一）细菌性食物中毒

细菌性食物中毒是指因食用被致病菌或其毒素污染的食物后发生的食物中毒，是食物中毒中最常见的一类。常见的有沙门氏菌食物中毒、金黄色葡萄球菌肠毒素食物中毒、副溶血性弧菌食物中毒、蜡样芽孢杆菌食物中毒等。

常见携带致病菌的类型：

海产品——副溶血性弧菌

禽蛋类——沙门氏菌

米饭等淀粉类——蜡样芽孢杆菌

临床表现以胃肠道症状为主，恶心、呕吐、腹痛、腹泻等，并常伴有发热。发病有较明显的季节性，好发于夏秋季节，常常为群体性暴发。

（二）化学性食物中毒

化学性食物中毒指食用了被有毒化学物质污染的食物所引起的食物中毒。化学性食物中毒一般发病急，潜伏期短，多在几分钟至几小时内发病，病情与食用的中毒化学物剂量有明显关系，临床表现因毒物性质不同而呈多样化，一般不伴有发热，没有季节性，地区性，也无特异的中毒食品。

引起化学性食物中毒的食物主要有3种。

（1）被有毒化学物质污染的食物。污染的途径可以是多方面的。

(2) 将有毒化学物质误当做食品。如用工业酒精配制成的“白酒”，亚硝酸盐误认为是食盐，桐油误当做食用油。这些化学品在原包装时一般不会被误用，但如果在使用中分成小包装，不加标记，又与食品混放，则极易被误用而造成食物中毒。

(3) 食物所含成分（如营养素）发生化学变化的食品。如植物发生油脂酸败，未腌透的腌菜产生大量亚硝酸盐。

(三) 有毒动植物中毒

指误食有毒动植物或食用因加工处理不当未除去有毒成分的动植物而发生的食物中毒。这类食物中毒一般发病快，无发热等感染症状，按中毒食品的性质有较明显的特征性症状。多由以下2种情况引起：

(1) 一些天然含有毒素的动植物在外形上与可食用的食物相似，产生误食。如河豚、毒蕈、织纹螺。

(2) 由于加工处理不当，没有去除或破坏有毒成分，而引起中毒，常见的有猪甲状腺、四季豆、黄花菜、未煮熟的豆浆、发芽的马铃薯等。

(四) 真菌（霉菌）毒素性食物中毒

霉菌毒素主要是指霉菌在其污染的食品中所产生的有毒代谢产物，有些可引起急性食物中毒，如霉变甘蔗中毒。

三、细菌性食物中毒的发生原因

(一) 生熟交叉污染

生的肉、水产品或其他食品原料、半成品，往往带有各种各样的致病菌，在加工处理过程中如果生、熟食品混放，或者生、熟食品的工用具混用，就会使熟食受到致病菌的污染，而熟食在食用前一般不再经过加热，因此，一旦受到致病菌的污染，极易引发食物中毒。

（二）患病操作人员带菌操作

一旦操作人员手部皮肤有破损、化脓，或患有感冒、腹泻等疾病，会携带大量致病菌。如果患病的操作人员仍在继续接触食品，极易使食品受到致病菌污染，从而引发食物中毒。

（三）食物未烧熟煮透

生的食物即使带有致病菌，通过彻底的加热烹调，也能杀灭绝大多数的细菌，确保食用安全。但如果烹调前未彻底解冻、一锅烧煮量太大或烧制时间不足等，使食品未烧熟煮透，就会导致致病菌未被杀灭，从而引发食物中毒。

（四）食品贮存温度、时间控制不当

细菌达到一定数量就会引起食物中毒，而细菌的生长繁殖需要一定的温度和时间，一般致病菌在 25 ~ 35℃的温度条件下，每过 15 ~ 30min 就能分裂一次，即细菌数量翻一番。如熟食上原有 100 个致病菌，存放在室温条件下，经过 4h，就会超过 100 万个，足以引起食用者发生食物中毒。而细菌在低于 5℃的温度下，基本停止了生长繁殖；在高于 65℃的温度下，也基本无法存活。

（五）餐具清洗消毒不彻底

盛放熟食品的餐具或其他容器清洗消毒不彻底，或者消毒后的餐具受到二次污染，致病菌通过餐具污染到食品，也可以引起食物中毒。

四、细菌性食物中毒的预防

针对上述常见的发生原因，应从以下三方面采取措施预防细菌性食物中毒：首先是防止食品受到细菌污染，其次是控制细菌生长繁殖，

最后也是最重要的是杀灭病原菌。

具体防止食品受到细菌污染的措施如下。

1. 保持清洁

保持与食品接触的砧板、刀具、操作台等表面清洁。保持厨房地面、墙壁、天花板等食品加工环境的清洁。保持手的清洁，不仅在操作前及受到污染后要洗手，在加工食物期间也要经常洗手。避免老鼠、蟑螂等有害动物进入库房、厨房，并接近食物。

特别提示：熟食操作区域以及接触熟食品的所有工用具、容器、餐具等除应清洗外，还必须进行严格的消毒。

2. 生熟分开

处理冷菜要使用消毒后的刀和砧板。生熟食品的容器、工用具要严格分开摆放和使用。从事粗加工或接触生食品后，应洗手消毒后才能从事冷菜切配。

特别提示：生熟食品工用具、容器分开十分重要，熟食品工用具、容器应经严格消毒，存放场所与生食品应分开。

3. 使用卫生安全的原料与水

使用洁净的水和安全的食品原料，熟食品的加工处理要使用洁净的水。选择来源正规、优质新鲜的食品原料。生食的水果和蔬菜要彻底清洗。

特别提示：操作过程复杂的改刀熟食、凉拌或生拌菜、预制色拉、生食海产品等都是高风险食品，要严格按食品安全要求加工操作，并尽量缩短加工后至食用前的存放时间。

4. 控制温度

菜肴烹饪后至食用前的时间预计超过 2h 的，应使其在 5℃以下或 60℃以上条件下存放。鲜肉、禽类、鱼类和乳品冷藏温度应低于 5℃。控制细菌生长繁殖，冷冻食品不宜在室温条件下进行化冻，保证安全的做法是在 5℃以下温度解冻，或在 21℃以下的流动水中解冻。

特别提示：快速冷却能使食品尽快通过有利于微生物繁殖的温度范围。冰箱内的环境温度至少应比食品要达到的中心温度低

1℃。食品不应用冰箱进行冷却，有效的冷却方法是将食品分成小块并使用冰浴。

5. 控制时间

不要过早加工食品，食品制作完成到食用最好控制在2h以内。熟食不宜隔餐供应，改刀后的熟食应在4h内食用。生食海产品加工好至食用的间隔时间不应超过1h。冰箱中的生鲜原料、半成品等，储存时间不要太长，使用时要注意先进先出。

特别提示：生鲜原料、半成品（如上浆的肉片）可以在容器上贴上时间标签以控制在一定时间内使用。

6. 杀灭病原菌

烧熟煮透，烹调食品时，必须使食品中心温度超过70℃。在10~60℃条件下存放超过2h的菜肴，食用前要彻底加热至中心温度达到70℃以上。已变质的食品可能含有耐热（加热也不能破坏）的细菌毒素，不得再加热食用。冷冻食品原料宜彻底解冻后加热，避免产生外熟内生的现象。

特别提示：肉的中心部位不再呈粉红色，或肉汤的汁水烧至变清是辨别肉类烧熟煮透的简易方法。

7. 严格清洗消毒

生鱼片、现榨果汁、水果拼盘等不经加热处理的直接入口食品，应在清洗的基础上，对食品外表面、工用具等进行严格的消毒。餐具、熟食品容器要彻底洗净消毒后使用。接触直接入口食品的工具、盛器、双手要经常清洗消毒。

特别提示：餐具、容器、工用具最有效和经济的消毒方法是热力消毒，即通过煮沸或者蒸汽加热方法进行消毒。

8. 控制加工量

应根据自身的加工能力决定制作的食品数量，特别是不要过多地“翻台”。这是一项综合性的措施，如果超负荷进行加工，就会出现食品提前加工、设施设备、工具餐具不够用等现象，从而不能严格按保证食品安全的要求进行操作，上述各项关键控制措施就难以做到，发生食物中毒的风险会明显增加。

五、冷菜间食品安全设施设备基本要求

（1）未经批准制作供应冷菜的餐饮服务单位一律不得经营冷菜，取得冷菜经营许可的，制作供应冷菜必须严格按规范要求进行。冷菜必须在冷菜制作间内制作。

（2）冷菜间必须是独立隔间，面积≥食品处理面积 10%；最小面积不得少于 $5m^2$。

注：食品处理区：指食品的粗加工、切配、烹饪的备餐场所，专间、食品库房、餐用具清洗消毒和保洁场所等区域，分为清洁操作区、准清洁操作区、一般操作区。

注：加工经营场所：指与食品制作供应直接或间接相关的场所，包括食品处理区、非食品处理区和就餐场所。

（3）冷菜间内墙裙铺设到顶，地漏带水封，不得有明沟。

（4）冷菜间入口处应放置有洗手、消毒、更衣室施的通过式预进间（二次更衣室）。

（5）冷菜间应设置开合式食品传送窗。

（6）冷菜间应设置独立的空调设施，配备室内温度计。

（7）冷菜间内紫外线灯应分布均匀，悬挂与距离地面 2m 以内的高度。紫外线灯（波长 200～275nm）应按功率不小于 $1.5w/m^3$ 设置。紫外线灯应安装反光罩，强度大于 $70uw/m^2$。

（8）冷菜间应配备专用冷藏设施和微波炉。

（9）冷菜间应配备水净化设施或设备。

（10）冷菜间应设置工具清洗池，配备砧板，刀具消毒药水或 95% 食用或药用酒精（燃烧消毒）。

（11）冷菜间配备专用的不锈钢面盆，桶等容器。配备足量的食品搁架。

六、冷菜间食品安全操作基本要求

(1) 冷菜从业人员穿戴清洁工作衣帽，戴口罩（盖过鼻孔）上岗操作。

(2) 冷菜从业人员每次进出冷菜间后均应洗手消毒（特别是大小便后)。

(3) 预进间（二次更衣室）每天要配备好洗手液、消毒液，消毒液有效氯浓度为 100～300（mg/kg)，浸泡不少于半分钟，最好达到 3min。

(4) 冷菜从业人员要专人制，非冷菜从业人员不得进入冷菜间。

(5) 冷菜烧煮要专人负责，不得由非冷菜人员烧煮，要配备食物中心温度计，检测烧熟的食品中心温度在 70℃以上。

(6) 每餐操作前开启紫外线消毒灯 30～60min，下班期间也可以适当开启紫外线灯进行空气消毒。

(7) 盛装冷菜的容器一定要专用，并经过清洗消毒，并有明显标志（建议采用蒸箱内热消毒方式)；砧板、刀具要做到一菜一清洗消毒原则；抹布要及时清洗并用消毒液浸泡消毒。其他工用具也应及时清洗消毒。

(8) 严格做到中餐冷菜上午制作，晚餐冷菜下午制作的硬性规定，确保冷菜从烧煮加工到食用时间不超过 4h，最宜在 2h 内。

(9) 严禁外购熟羊肉、熟牛肉等凉盘菜未经加热处理直接切配装盘后上桌供应。

(10) 每天从上班到下班期间，冷菜间室温必须在 25℃以下。

(11) 供加工冷菜用的蔬菜水果等食品原料，必须在蔬菜专用清洗池内清洗，严防交叉污染，未经清洗处理不得带入冷菜间内；

冷菜间内不得存放未烧煮加工的半成品和食品原料；

定型包装食品其外包装（纸板箱）不得进入冷菜间。

（12）制作好的冷菜应尽量当餐用完，剩余的应存放在冷藏柜中保存。冷菜存放超过4h的必须重新烧煮或微波加热处理，确保食品中心温度在70℃以上才可以食用。感官已有异样的冷菜严禁处理后再供应。

（13）冷菜进出必须走开合式食品传送窗途径，禁止冷菜在通过式预进间进出，保证人流物流分开。

（14）冷藏柜（箱）内要做到物品摆放有序，标志清楚，分盒存放，冷藏柜内结霜不超过1cm，温度计指示正确，确保冷藏效果。

（15）大型婚宴等聚餐活动，冷菜必须留样，每种冷菜留样100~150g。留存时间48h，留样冷菜必须是装盘后上桌供应的冷菜。

（16）宴会大厅在冷菜上桌前必须在25℃以下。

（17）自助餐冷菜尽可能用冷菜热做方式进行。（例如，白斩鸡：烧熟—切配—装盘—再蒸道上加热—上桌供应）

（18）水产品类冷菜尽可能多用食醋进行处理。

（19）加工制作好盘装冷菜不得叠加存放，用搁架放置。

（20）餐饮单位食品安全管理员要重点对冷菜间进行食品安全检查，督促规范操作。

七、化学性食物中毒的预防

（一）有机磷农药中毒

中毒原因：食用了残留有机磷农药的蔬菜、水果等。

主要症状：一般在食用后2h内发病，症状为头痛、头晕、腹痛、恶心、呕吐、流涎、多汗、视力模糊等，严重者瞳孔缩

小、呼吸困难、昏迷，直至呼吸衰竭而死亡。

预防方法：选择信誉良好的供应商，蔬菜粗加工时用蔬果洗洁精溶液浸泡30min后再冲净，烹调前再经烫泡1min，可有效去除蔬菜表面的大部分农药。

（二）亚硝酸盐中毒

中毒原因：误将亚硝酸盐当作食盐或味精加入食物中，或食用了刚腌制不久的腌制菜。

主要症状：一般在食用后1～3h内发病，主要表现为口唇、舌尖、指尖青紫等缺氧症状，自觉症状有头晕、乏力、心律快、呼吸急促，严重者会出现昏迷，大小便失禁，最严重的可因呼吸衰竭而导致死亡。

预防方法：如自制肴肉、腌腊肉，严格按每千克肉品0.15g亚硝酸盐的量使用，并应与肉品充分混匀；亚硝酸盐要明显标志，加锁存放；不使用来历不明的“盐”或“味精”；尽量少使用暴腌菜。

特别提示：尽量不自制肴肉、腌腊肉等肉制品，避免误用和超剂量使用亚硝酸盐。

（三）“瘦肉精”中毒

中毒原因：食用了含有瘦肉精猪肉、猪内脏等。

主要症状：一般在食用后0.5～2h内发病，症状为心跳加快、肌肉震颤、头晕、恶心、脸色潮红等。

预防方法：选择信誉良好的供应商，如发现猪肉肉色较深、肉质鲜艳，后臀肌肉饱满突出，脂肪非常薄，这种猪肉则可能含有瘦肉精。

特别提示：尽量选用带有肥膘的猪肉，猪内脏最好要选择有品牌的定型包装产品，不要采购市场外无证摊贩经营的产品。

（四）桐油中毒

中毒原因：误将桐油当作食用油使用。

主要症状：一般在食用后0.5～4h内发病，症状为恶心、呕吐、腹泻、精神倦怠、烦躁、头痛、头晕，严重者可意识模糊、呼吸困难或惊厥，进而引起昏迷和休克。

预防方法：桐油具有特殊的气味，应在采购、使用前闻味辨别。

特别提示：不使用来历不明的食用油。

八、有毒动植物中毒的预防

（一）河豚中毒

中毒原因：误食河豚或河豚加工处理不当。

主要症状：一般在食用后数分钟至3h内发病，症状为腹部不适、口唇指端麻木、四肢乏力继而麻痹甚至瘫痪、血压下降、昏迷，最后因呼吸麻痹而死亡。

预防方法：不食用任何品种的河豚（巴鱼）或河豚干制品。国家禁止在餐饮服务单位加工制作河豚。

（二）高组胺鱼类中毒

中毒原因：食用了不新鲜的高组胺鱼类（如鲐鱼、秋刀鱼、金枪鱼等青皮红肉鱼）。

主要症状：一般在食用后数分钟至数小时内发病，症状为面部、胸部及全身皮肤潮红，眼结膜充血，并伴有头疼、头晕、心跳呼吸加快等，皮肤可出现斑疹或荨麻疹。

预防方法：采购新鲜的鱼，如发现鱼眼变红、色泽黯淡、鱼体无弹性时，不要购买；储存要保持低温冷藏；烹调时放醋，可以使鱼体内的组胺含量下降。

特别提示：注意青皮红肉鱼的冷藏保鲜，避免长时间室温下存放引起大量组胺产生。

（三）豆荚类中毒

中毒原因：四季豆、扁豆、刀豆、豇豆等豆荚类食品未烧熟

煮透，其中，皂素、红细胞凝集素等有毒物质未被彻底破坏。

主要症状：一般在食用后 1 ~ 5h 内发病，症状为恶心、呕吐、腹痛、腹泻、头晕、出冷汗等。

预防方法：烹调时先将豆荚类食品放入开水中烫煮 10min 以上再炒。

(四) 豆浆中毒

中毒原因：豆浆未经彻底煮沸，其中的皂素、抗胰蛋白酶等有毒物质未被彻底破坏。

主要症状：在食用后 30 ~ 60min，出现胃部不适、恶心、呕吐、腹胀、腹泻、头晕、无力等中毒症状。

预防方法：生豆浆烧煮时将上涌泡沫除净，煮沸后再以文火维持沸腾 5min 左右。

特别提示：豆浆烧煮到 80℃时，会有许多泡沫上浮，这是“假沸”现象，应继续加热至泡沫消失，待沸腾后，再持续加热数分钟。

(五) 发芽马铃薯中毒

中毒原因：马铃薯中含有一种对人体有害的称为“龙葵素”的生物碱。平时马铃薯中含量极微，但发芽马铃薯的芽眼、芽根和变绿、溃烂的地方，龙葵素含量很高。人吃了大量的发芽马铃薯后，会出现龙葵素中毒症状。

主要症状：轻者恶心呕吐、腹痛腹泻，重者可出现脱水、血压下降、呼吸困难、昏迷抽搐等现象，严重者还可因心肺麻痹而死亡。

预防方法：如发芽不严重，可将芽眼彻底挖除干净，并削去发绿部分，然后放在冷水里浸泡 1 小时左右，龙葵素便会溶解在水中。炒马铃薯时再加点醋，烧熟煮烂也可除去毒素。

(六) 毒蘑菇中毒

中毒原因：毒蘑菇在自然界到处都有，从外观上却很难与无毒蘑菇分别开来，毒蘑菇一旦被误食，就会引起中毒，甚至引起死亡。

预防方法：切勿采摘、进食野生蘑菇，也不要购买来源不明的蘑菇。

主要症状：由于毒蘑菇的种类很多，所含毒素的种类也不一样，因此，中毒表现有多种多样，主要表现出四种类型：胃肠炎型大多在食用10～120min发病，出现恶心呕吐、腹痛腹泻等症状，单纯由胃肠毒引起的中毒，通常病程短，预后较好，死亡率较低；神经精神型多出现精神兴奋或错乱，或精神抑制及幻觉等表现；

溶血型除了胃肠道症状外，在中毒一两天内出现黄疸、血红蛋白尿；

肝损害型由于毒蘑菇的毒性大，会出现肝脏肿大、黄疸、肝功能异常等表现。

预防方法：不食用来源不明的蘑菇，不食用不认识的野蘑菇。

九、食物中毒应急处置

（一）制订预案

各餐饮服务单位要根据食品安全法律法规的规范要求，结合本单位实际制订完善食物中毒应急预案，预案应做到具体、明确、操作性强。

（二）应急处置

一旦发生食物中毒，应按照应急预案做好处置工作：

1. 报告：及时向县卫生部门报告，一般不得超过2h。

2. 保护现场：对中毒发生现场予以控制，剩余食物、用具等予以封存。

3. 抢救病人：及时救治病人。